日本媽媽的和食調味帖

su se so 超實用法則，鹽麴、醋、醬油、味噌、高湯煮出完美家常味

岡本愛

序

自從出版第一本書,轉眼間已過了七年。當時,台灣已能買到各式日本調味料,如今在連鎖超市與百貨公司的調味料區,種類更加豐富了,不少品牌甚至在日本本地都難得一見,卻能在台灣輕鬆入手,這也讓我深刻感受到台灣朋友對日本料理的喜愛與關心。

在料理教室上課時,經常聽到學員們的困惑:「日本調味料種類太多,不知道該選哪一種才好?」的確,選擇變多雖然令人

開心，但「無法選對」也成為一種困擾。「不知道該買哪個品牌？」、「想知道哪一種調味料最適合自己？」……這些聲音給了我動力，完成了這本書。

本書以日本家庭料理的五大基本調味料——「さしすせそ」（味醂、鹽麴、醋、醬油、味噌）為核心，再加上日式料理中不可或缺的「高湯」為主題。不僅提供各式食譜，更深入說明這些調味料的背景、歷史、製作方法、風味特性，以及如何從包裝標籤上判斷調味料的種類。希望讀完這本書後，不僅能讓你更了解如何在超市選購適合的調味料，當到日本旅遊時，也能作為購買伴手禮的參考。

而當你掌握了這些調味知識，請務必動手試做看看。書中介紹了常用的調味配方、以及第一次嘗試都能輕鬆成功的「黃金比例」，掌握這些調味配比，就能輕鬆做出道地的美味和食。不論是剛開始學做料理，或想深入日式風味世界的人，都能從這本書中找到屬於自己的和食風味。

廚房是我的小小天地，總能帶來滿滿的幸福與溫暖的歸屬感。正如那句話：「人是今食べたものでできている」——我們吃什麼，就成為什麼。

在忙碌的生活中，更應該好好珍惜每一口吃進肚裡的食物。我一直相信，餐桌上能傳遞的不只是味道，更是一份讓人感受到幸福的心意。這份心願，一直深植在我心中。也希望，透過這本書，傳達給正在閱讀的你。

2025 年 4 月

岡本愛
（小愛）

目錄

- 008 ◆ 想讓料理更美味？換個調味料試試看！
- 009 ◆ 有趣的料理邏輯「さしすせそ」
- 010 ◆ 小愛的調味二三事

PART 1 だし 高湯

- 016 什麼是「高湯」？
- 020 日本高湯的種類
- 025 高湯萃取方式

黃金比例・火鍋湯底

- 030 什錦火鍋湯・昆布火鍋湯
- 032 豆乳味噌火鍋湯・咖哩火鍋湯
- 034 味噌相撲火鍋湯・番茄火鍋湯
- 036 日式雞肉昆布鍋　水炊鍋
- 038 和風湯涮涮鍋　だし香るしゃぶしゃぶ
- 040 干貝油炸豆皮炊飯　ホタテ貝と油揚げの炊き込みご飯
- 042 滑蛋烏龍麵　あんかけ卵とじうどん
- 044 日式蛤蜊昆布清湯　はまぐりの潮汁
- 046 炸浸高湯夏天蔬菜　夏野菜の揚げ煮浸し
- 048 日式高湯醃番茄　丸ごとトマトの出汁びたし
- 050 蝦香大白菜高湯拌菜　白菜と海老、揚げの煮浸し

004

PART 2 さ 味醂

- 054 味醂的起源與發展
- 056 日本味醂的主要產地
- 057 味醂的製作方法
- 058 味醂的分類
- 060 從商品標籤辨識味醂
- 061 味醂的料理特點
- 064 檸檬冷烏龍麵　冷やしレモンうどん
- 066 照燒雞　鶏の照り焼き
- 068 燉煮馬鈴薯豬肉　肉じゃが
- 070 南瓜煮物　かぼちゃのそぼろあん
- 072 醋拌海帶芽小黃瓜　胡瓜とわかめの酢の物
- 074 關東煮　おでん
- 076 親子蓋飯　親子丼
- 078 紙包鮭魚　サーモン包み蒸し

PART 3 し 鹽麴

- 082 鹽麴的興起與調味魅力
- 084 鹽麴的快速自製法
- 088 延伸風味的鹽麴變化
- 089 鹽麴 Q&A
- 090 檸檬鹽麴・醬油麴
- 092 檸檬鹽麴・蔥蒜鹽麴
- **黃金比例・風味鹽麴**
- 094 洋蔥麴蔬菜培根湯　玉ねぎ麴のミネストローネスープ
- 096 日式漢堡排　玉ねぎ麴ハンバーグ
- 098 炙烤油豆腐佐醬油麴　厚揚げの醬油麴かけ
- 100 檸檬鹽麴蛤蜊義大利麵　レモン塩こうじのボンゴレスパゲッティ
- 102 炒花枝蝦　いかとアスパラの中華こうじ炒め
- 104 蔥蒜鹽麴番茄蛋花湯　中華麴入りトマトと卵のスープ

PART 4 す 醋

- 108 醋的源起
- 111 醋的製造方法
- 112 醋的分類
- 116 醋的價格差異
- 118 醋的作用
- 120 各種醋的料理應用

黃金比例・調味醋

- 122 三杯醋・甘醋・土佐醋
- 124 美乃滋・南蠻醋
- 126 醋醃紅白蘿蔔　紅白なます
- 128 雞翅雞蛋煮物　鶏手羽元と玉子のさっぱり煮
- 130 金平牛蒡　きんぴらごぼう
- 132 涼拌紫高麗菜　紫キャベツのコールスロー
- 134 醋炒豬肉蓮藕　豚バラ肉とれんこんのさっぱり酢煮
- 136 歐風醃菜　カラフルピクルス
- 138 柳葉魚南蠻醋　シシャモの南蛮漬け
- 140 黑醋蜂蜜檸檬飲　黒酢のはちみつレモン

PART 5 せ 醬油

- 144 日本醬油的起源
- 146 日本醬油的三大產地
- 147 JAS法之醬油的定義與種類
- 151 從標籤辨別醬油種類

黃金比例・調味醬

- 152 照燒醬・蒜醬醬
- 154 椪醋・親子蓋飯醬
- 156 沾麵汁・關東煮湯
- 158 烤飯糰　焼きおにぎり
- 160 芝麻蔬菜涼拌　ほうれん草の胡麻和え
- 162 大根醃菜　大根の溜り醤油漬け
- 164 溜醬油醃起司　モッツァレラチーズの醤油漬け
- 166 牛肉烏龍麵　肉うどん
- 168 奶香椪醋杏鮑菇炒肉　豚肉とエリンギのバタポン炒め
- 170 奶蒜香醬油牡蠣　牡蠣のバター醤油炒め
- 172 甜醬油烤麻糬　餅の磯辺焼き

006

PART 6 そ 味噌

- 176 味噌的起源
- 178 「味噌」是什麼？
- 179 日本各地的味噌料理
- 181 味噌的分類
- 184 如何從商品標籤解讀味噌

黃金比例・味噌湯

- 186 豆腐海帶芽味噌湯
- 187 大根油豆皮味噌湯
- 188 地瓜洋蔥味噌湯
- 189 奶香玉米馬鈴薯味噌湯
- 190 栗子南瓜竹輪味噌湯
- 191 香腸高麗菜蛋味噌湯
- 192 鯖魚西京燒　鯖の西京焼き
- 194 味噌醃蛋黃　卵黃のみそ漬け
- 196 豬肉什錦蔬菜味噌湯　豚汁
- 198 味噌芝麻湯麵線　タンタン風胡麻味噌にゅうめん
- 200 日式味噌炒豬肉茄子　なすと豚肉の味噌炒
- 202 鯖魚味噌燉煮　さばの味噌煮
- 204 名古屋炸豬肉味噌醬　名古屋風味噌カツ
- 206 味噌醬蒟蒻　こんにゃく田楽

想讓料理更美味？
換個調味料試試看！

你是不是常為了煮出好吃的料理，不斷上網找食譜、向人請教？

但其實有一個能最快讓料理變美味的方法——換用更好的調味料！請試著選擇原料單純、採用傳統製法的調味料，哪怕是同一道菜，風味都能產生驚人的改變。更香、更順口、更有層次，讓你不必費力，也能輕鬆煮出道地美味。

現在台灣的大型超市、百貨食品區、甚至專賣店裡，都能輕鬆買到各式日本調味料。但面對貨架上琳瑯滿目的選項，你會怎麼挑？是看價格、品牌、還是包裝設計？

這些看似小小的瓶瓶罐罐，雖然每次用量不多，但每天、每年，甚至長達數十年都融入在你的飲食生活中，對你與家人的健康和味蕾有著長遠影響。因此，請培養正確的知識，選擇優質的調味料，讓料理變得更美味、更健康！

有趣的料理邏輯「さしすせそ」

這是日本小孩學習平假名的「あいうえお表」。日本料理不可少的五大基礎調味料的名稱，其實就隱藏在這個表當中。大家有聽過調味料的「さしすせそ」（sa si su se so）嗎？

あ	か	さ	た	な	は	ま	や	ら	わ
い	き	し	ち	に	ひ	み		り	を
う	く	す	つ	ぬ	ふ	む	ゆ	る	
え	け	せ	て	ね	へ	め		れ	
お	こ	そ	と	の	ほ	も	よ	ろ	ん

008

在日本料理中，
「さしすせそ」代表五種不可或缺的基礎調味料

さ（糖）、し（鹽）、す（醋）、せ（醬油）、そ（味噌）──
這個調味順序自古以來流傳於日本家庭廚房，不只是傳統智慧，更蘊含食材與調味料在烹調過程中的化學與物理變化，是掌握和食風味製作的關鍵起點。

糖（味醂）

糖的分子比鹽大約六倍，因此較難滲透進食材中，若在鹽之後才加入，會因食材表面已被鹽分收緊，而更難入味。此外，糖也有軟化食材的作用，能幫助其他調味料後續更好地融合，因此建議最先加入。

鹽（鹽麴）

鹽的分子較小，可以很快滲透入食材中。它還具有使食材釋出水分的作用，若過早加入可能會讓表面乾硬，不利糖分滲入，因此應在糖之後使用，才能發揮各自的調味效果。

醋

醋具有明顯的酸味，常用於調整風味或抑制腥味。由於酸性物質對食材結構的影響較大，加入時間視料理而定，但一般會在糖、鹽之後加入，以避免破壞原本的口感層次。

醬油與味噌

醬油與味噌主要用來增添風味與香氣。然而它們的香氣成分會因過度加熱而揮發流失，因此建議於烹調接近尾聲時加入，才能保留最佳的香氣與風味表現。

小愛的調味二三事

味噌與醬油,是家鄉的味道

醬油與味噌是最能展現地域色彩的調味料,因應各地氣候、風土與文化的差異,孕育出風味多樣、技法各異的發酵樣貌。而當它們進入每個家庭廚房,又因使用習慣與配方不同,進一步轉化為獨一無二的「家之味」。

以最基礎的味噌湯為例:即便材料相同,如豆腐與海帶,一旦使用的味噌種類不同,整體風味也有所變化。比方長野縣的信州味噌屬於米味噌,煮出的湯色呈淡棕,鹹味溫和;如果換成京都的白味噌來製作同一道湯,則成品顏色偏乳白,帶有濃郁且偏甜的風味。

此外,即便使用相同味噌,各地對味噌湯配料的選擇也各有風格。沿海地區偏好加入蛤蜊或蜆,烹出鮮味十足的海味湯底;內陸山區則多用時令農產品,做出蔬菜豐富的樸實湯品。

和食只要醬油、味醂、料理酒,就能做到無限變化

「醬油、味醂、料理酒」是日本家庭中最常見的調味料。以此烹調的日式料理,風味溫潤、甜味柔和,是深受大人小孩喜愛的經典味道。雖然有些人會選擇以高湯醬油或白高湯替代醬油,或以砂糖、清酒代替味醂與料理酒,但對多數日本家庭來說,這三款調味料仍是廚房中不可或缺的存在。

醬油:不僅為食材添鹹味與顏色,還能提升鮮味、甜味與濃郁度,讓料理風味更有層次。醬油獨特的香氣更是日本料理的基礎。

料理酒:能去除肉類與海鮮類的腥味,同時提升食材鮮味。烹煮時酒精會揮發,小朋友也可以安心享用。

味醂:溫潤甜味的來源,因為含有酒精,還具有去腥作用。如果用於燉煮料理,能讓食材表面呈現漂亮光澤,防止煮得過於鬆散或破碎。

只要擁有這三種調味料,日式料理就能千變萬化!照燒、和風燉肉馬鈴薯、壽喜燒、烏龍麵湯汁、牛丼、火鍋、親子蓋飯……這些在台灣也很受歡迎的日本料理,都是以這三種調味料所組合而成的。

日本流行「一汁一飯」新飲食哲學

說到味噌湯，大家可能會先想到日式壽司店提供的魚雜味噌湯，常用偏甜的白味噌熬煮，是在台灣受歡迎的味道。但在日本，味噌湯是每天都會喝的日常食物，加入的配料多元，當季蔬菜、貝類、肉類等變化豐富，營養滿分。

長期以來，日本人一直相信「一汁三菜」才是健康飲食的標準。近年來，開始有人提出將味噌湯提升為「完全營養餐」，其中一位代表人物是知名料理研究家土井善晴先生。他倡導：「其實不需要堅持『一汁三菜』概念，只要煮一鍋白飯，再搭配一碗配料豐富的味噌湯，就已經足夠了。」家庭料理每天、每餐只要「一汁一飯」就很好，因為料多味噌湯本身就能提供均衡的營養。

這種想法，就像法國人以燉菜湯（Pot-au-feu）搭配麵包、起司與水果當作完整的一餐。現代家庭生活忙碌，要同時兼顧工作與育兒，越來越多人開始認同「一汁一菜」的生活方式，未來，這樣的味噌湯飲食法，或許也將在全世界掀起風潮，成為新的日常飲食提案。

讓關西人驚訝的「關東蕎麥湯汁」

你曾在日本旅遊時品嚐過烏龍麵或蕎麥麵嗎？是否注意過兩者湯汁的不同？雖然日本各地普遍以高湯搭配醬油來調製湯頭，但關東與關西所熬出來的湯頭，在顏色與風味上卻有著明顯的差異。

在以烏龍麵文化為主的西日本（關西），湯頭的顏色較清澈淡雅，通常以淡口醬油或少許鹽調味，讓高湯的風味更加鮮明。而在偏好蕎麥麵的東日本（關東），湯汁則呈現濃深色，透過濃厚的濃口醬油香氣來提高高湯的鮮味。雖然兩者都使用「高湯」與「醬油」，但煮出來的湯卻相當不同。

身為關東人的小愛，吃蕎麥麵時，一定要搭配醬油風味濃厚的關東風湯汁才覺得滿足，小時候，甚至連吃烏龍麵時也是配著蕎麥麵湯頭。不過隨著年紀增長，品嚐過各地不同的烏龍麵和蕎麥麵後，現在的我更喜歡在吃烏龍麵時，搭配關西風的清淡湯汁，這樣才能把整碗湯都喝光。

關西和關東的燉煮馬鈴薯豬肉，哪裡不一樣？

肉じゃが（日式燉肉馬鈴薯）是日本最具代表性的家庭料理之一，常出現在日劇或漫畫中。但你是否知道，這道經典菜在不同地區有著相當大的差異？

其中最明顯的不同點就是所使用的肉類。傳統上，關東地區的肉じゃが會使用豬肉，而關西地區則習慣使用牛肉。來自不同地區的人結婚後，第一次品嚐對方做的肉じゃが時，常常會感到非常驚訝，因為那滋味和自己從小習慣的版本截然不同。

關東風肉じゃが通常使用薄切豬肉片，搭配濃口醬油（深色醬油）調味，因此風味較為濃郁、帶有厚重的甘甜感，整體色澤也呈現出較深的棕色。關西風肉じゃが則使用薄切牛肉片，以淡口醬油（淺色醬油）調味。雖然顏色較淺，但由於淡口醬油的鹽分較高，味道反而更加鹹香。從外觀來看，關西風的馬鈴薯顏色偏淡黃，與牛肉的深色形成對比，整道菜看起來更加鮮明美觀。同樣一道家常料理，卻因地區與家庭習慣的不同，在用料、調味與呈現方式上都展現出豐富的多樣性，這正是日本家庭料理的魅力之一，也是讓我深深著迷的地方。

只有日本人會覺得喝到柴魚高湯放鬆又療癒嗎？

當身體疲憊、天氣寒冷，或是吃得過多導致腸胃不適時，喝上一碗由優質乾貨熬煮的高湯，總能讓人感覺營養滲透全身，不僅舒緩心情、也溫暖了胃。這碗令人安心的高湯，就是從小喝慣的熟悉滋味。

來自東京的我，從小熟悉的味道就是「昆布與柴魚高湯」。日本各地的高湯基底因地制宜；例如九州的人習慣使用飛魚高湯（あごだし），四國常用小魚乾（いりこ／片口鰯）熬湯，靜岡縣與東海地區會使用竹莢魚乾或鰹魚乾熬製高湯，北陸則以昆布高湯為主。

不僅地區不同，每個家庭也都有自己專屬的高湯配方。共通的是，日本人對「高湯」有著高度熱愛，當我們喝下那熟悉的味道時，總會感到身心放鬆，或許正因為這份味道，早已隨著世世代代的飲食智慧，深植於我們的味覺基因中。

番外篇 家的味道

春天的梅仕事

日語中的「梅仕事」,指的是在梅子盛產季節,自製醃梅、梅酒、梅醋等保存食物的傳統習慣。

在日本,梅子收成多在6月梅雨季,台灣則稍早一些,約落在每年4月。每到這個時節,我們家便會訂購有機梅子,自製梅酒、果醋與調味料,跟孩子一起動手釀製。「梅仕事」對我們而言,是一年一度、與季節共舞的家庭時光。

梅子果醋

材料

梅子 300 g
醋 270 ml
冰糖 300 g

作法

1. 清洗與消毒:將梅子泡水洗淨並擦乾,用牙籤去除蒂頭後,使用沾上燒酒或其他蒸餾酒的廚房紙巾擦拭表面,進行消毒。

2. 裝瓶:在已消毒好的玻璃瓶中,依序放入冰糖、梅子,重複動作直到排滿多層,最後倒入醋。

3. 熟成時間:靜置3個月後即可飲用,但放半年以上風味會更醇厚、更加美味。

Part 1

高湯　だし

無論東西方料理，高湯始終是料理的靈魂基底。在日本料理中，稱為「出汁（Dashi）」的高湯，以其乾貨熬煮、旨味精煉的特性，展現獨特的料理哲學。從昆布到柴魚，每一道和食的風味底蘊，都從這一碗高湯開始。

什麼是「高湯」?

綜觀東西方的飲食文化,高湯始終是料理中不可或缺的底蘊。在西式料理中,法國稱高湯為 bouillon,義大利稱為 brodo,英語則是 soup stock。這些高湯多以牛骨、雞骨為基底,搭配香氣十足的蔬菜熬煮而成,也有使用魚類或純蔬菜製作的版本。在台灣,高湯大致可分為兩類:一種是以肉類或海鮮熬煮的「肉高湯」,另一種則是以蔬菜、菇類燉煮而成的「素高湯」。

資料來源:北海道魚連

日本高湯的起源

那麼,日本料理呢?「Dashi」(日文:出汁／だし),指的正是高湯;在字面上,dashi意為「煮出來的湯汁」,也就是透過加熱,將食材中的鮮甜精華煮出來的湯底。日式料理中最常見也最具代表性的是柴魚高湯與昆布高湯,這兩種高湯不僅為日本料理的風味基礎,也展現了「以鮮味為本」的烹調哲學。

和食中的「高湯」

在世界主流的料理中,「高湯」通常是以肉類為基底,加入具香氣的蔬菜,直接從新鮮食材中熬煮而成。而日本料理的高湯,則是使用柴魚、昆布等乾燥後的乾貨食材,提取幾乎不含脂肪的「旨味成分」。這些「旨味物質」能滲透並引出食材本身的風味與香氣,使整道料理更加鮮明有層次。這種藉由乾貨萃取鮮味、再轉化為整體風味的烹飪方式,是日本料理獨有、極具代表性的飲食特色。

說到日本高湯時,有三個關鍵詞一定要了解。

昆布

在料理的世界中,昆布開始被用來熬製高湯,可追溯至鎌倉時代(1185年~1333年),也正是佛教在日本傳播開來的時期。佛教不僅帶來了宗教信仰,也將許多大陸文化引進日本,其中之一便是「精進料理」——一種以植物性食材為主、講求戒律的僧人飲食方式,據說是日本料理的起源之一。

昆布只能在宮城縣以北的寒冷海域採收,因此在當時屬於稀有的食材。從鎌倉時代中期以後,昆布開始經由商船從北海道的松前地區運往本州,形成了初步的流通。

進入室町時代（1336～1573年），昆布從蝦夷地（今北海道）船運至越前國（今福井縣）敦賀，再轉送至京都與大阪。到了江戶時代（1603～1867年），北前船（往返日本海的貨船）自日本海一側南下，從下關穿越瀨戶內海，直接將昆布運至被稱為「天下的廚房」的大阪，不再經由敦賀與小濱，物流更加便捷。此後，昆布從大阪傳至江戶、九州，再遠及琉球王國（今沖繩），甚至輸出至清朝中國。

這條運輸路線被稱為「昆布路」。沿著昆布所到之處，各地發展出屬於自己的烹調方法與飲食風格。這不僅是昆布流通的道路，也是傳播日本飲食文化的重要路線。

武家文化

在江戶時代，昆布被視為貢品中的上品，深受武家重視與推崇。當時，為領主準備膳食的人被稱為「包丁人」（意即掌刀之人）與「料理人」（料理師傅），是武家專屬的職務之一。這些料理人精通刀工與火候技術，據說正是現代日本料理的雛形根源。例如生魚片的切法、蒸魚與煮魚的製作技巧，許多都可追溯至這些包丁人所傳承下來的技藝。

柴魚

江戶時代確立了柴魚的製造技術。早在1600年左右，土佐地區便開始製作柴魚，經歷多年改良，至江戶末期至明治初期，製法已趨於成熟，與今日所見的柴魚製程幾乎相同。

從江戶後期到明治時代，土佐、薩摩、伊豆三地所產的柴魚被譽為「三大名品」，傳遍全國。柴魚自古以來便在日本料理中佔有重要地位，相關的烹調記

載與文獻也相當豐富。因為日本近海可以捕獲很多鰹魚，而鰹魚有烹煮後質地容易變硬的特性，因此很容易經由加工做成保存食品。

鰹魚長期以來一直是日本料理中不可缺少、非常重要的食材。這是因為柴魚的風味會讓菜色變得美味，使用柴魚製作高湯的料理方式也是日本所獨有，因此，對許多日本人而言，如果料理中沒有柴魚高湯，嚐起來便總覺得「少了點什麼」。

此外，柴魚也是一種很好的保存鰹魚的方式。與現在不同，過去要長途運送食材需要相當長的時間，運送時間變長，食材就容易受潮或受熱而損壞，柴魚可說是完美解決這個問題的產物。令人驚訝的是，它是由魚製成，是世界上最堅硬的食物之一。

019　Part 1　高湯

日本高湯的種類

在日本，高湯的傳統作法是由各種乾貨熬製而成。常見類型有柴魚高湯、昆布高湯、昆布和柴魚綜合高湯、小魚乾高湯、香菇高湯、飛魚乾高湯等。除了這些基本高湯外，像是拉麵用的高湯，還會再加入雞骨、豬骨和牛骨來調製湯頭。以魚乾、昆布和香菇製作高湯是日本的傳統飲食文化，而以肉類為基底熬製高湯，則是近一至兩百年來才逐漸出現的。

製作高湯所使用的食材特徵

「旨味（Umami／鮮味）」是與甜味、鹽味、酸味、苦味並列的五種基本味覺之一。然而在19世紀以前，旨味的存在尚未得到科學證明，當時人們普遍認為味覺僅有四種。

許多日本學者很早就發現旨味的成分，但當時國際間普遍認為所謂的「旨味」，只是由其他四種味覺所調和表現出來的，並不被視為一種獨立的味覺。直到2000年，科學家在人體味蕾上發現了專門負責感知「麩胺酸」的受體，旨味的存在才終於被全世界認可。

（而「辣味」並不屬於五種基本味覺的範疇。辣是一種來自辛辣成分對神經的刺激感受，而非味蕾對味道的感知。）

和食高湯的「旨味加乘」效果

在日本料理中，同時搭配不同的旨味成

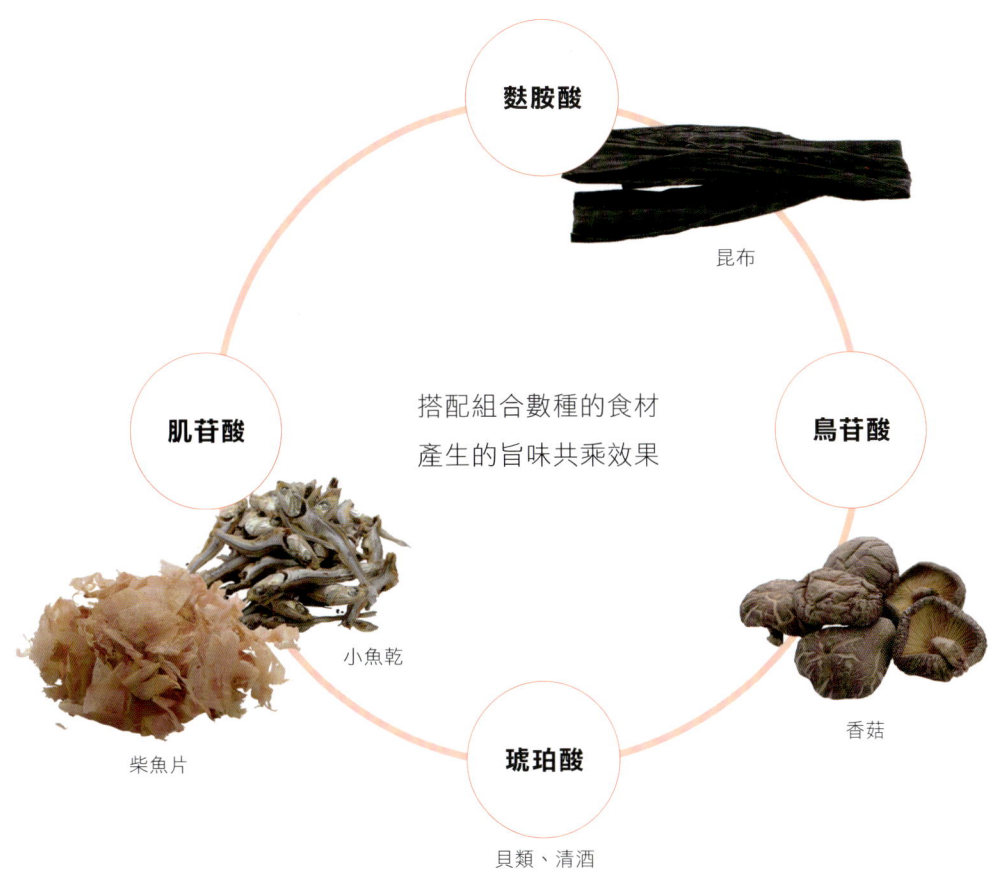

麩胺酸 — 昆布
肌苷酸 — 小魚乾、柴魚片
鳥苷酸 — 香菇
琥珀酸 — 貝類、清酒

搭配組合數種的食材產生的旨味共乘效果

分，能產生加乘效果，會比單獨使用它們更凸顯美味。例如，和食中常見的綜合高湯，結合了昆布所含的麩胺酸（Glutamic acid），與柴魚富含的肌苷酸（Inosinic acid），若再搭配雞肉或豬肉等含肌苷酸的食材（做成雞肉鍋、豬肉涮涮鍋），旨味效果將進一步提升，更加美味。

此外，日本的精進料理則常以昆布（麩胺酸）與香菇（鳥苷酸 Guanylic acid）搭配，同樣產生旨味加乘的效果。這些實例都說明，旨味不只是某種「好吃」的感覺，而是真正被科學證實、能透過組合提昇的基本味覺之一。

這種「旨味加乘」的技巧，早在數百年前就已被日本料理師傅運用於實際烹飪之中，至今仍是和食精髓的基礎。

日式高湯的使用方法

柴魚高湯

材料 柴魚
特徵 典型的日本料理基底高湯。具有濃郁的風味和鮮味，味道清香爽口。
旨味成分 肌苷酸
適用料理 以高湯為主要原料的菜餚，如吸物（清湯）和茶碗蒸。

昆布高湯

材料 昆布
特徵 與柴魚高湯一樣，是典型代表的基底高湯，擁有優雅而溫和的旨味。風味因產地而異，例如利尻、羅臼和日高。
旨味成分 麩胺酸
適用料理 精進料理（植物性料理，古代戒律嚴格的修行人飲食）、蔬菜料理、火鍋等。

小魚乾高湯

材料 日本鯷魚、脂眼鯡魚、飛魚等小魚乾。
特徵 比起柴魚高湯酸味較少，香氣更濃郁。
旨味成分 肌苷酸
適用料理 味噌湯、拉麵、麵類的沾醬等調味較重的料理。

022

香菇高湯

材料	香菇
特徵	味道濃郁，常與其他高湯搭配使用。高湯呈棕色。
旨味成分	鳥苷酸
適用料理	燉菜、麵線沾醬等。

綜合高湯

材料	柴魚和昆布、昆布和香菇等。
特徵	具有香氣和濃郁旨味，是常被使用的高湯。
旨味成分	肌苷酸、麩胺酸
適用料理	可廣泛使用於吸物（清湯）、燉菜等。

昆布魚乾高湯

材料	昆布、日本鯷魚、脂眼鯡魚、飛魚等小魚乾。
特徵	上品的昆布鮮味與海鮮的旨味相融合，帶來溫潤濃郁的風味。
旨味成分	麩胺酸、肌苷酸
適用料理	味噌湯等基礎高湯，可廣泛使用。

日本全國高湯地圖

如果觀看整個日本的高湯地圖，會發現各地是以柴魚和昆布為基底，再搭配當地可以取得的食材，製成高湯。

北海道
柴魚、小魚乾、昆布

東北地方
小魚乾

近畿・北陸地方
柴魚、小魚乾、昆布

關東地方
柴魚、宗田柴魚、鯖魚乾、昆布

中國四國地方
柴魚、小魚乾、昆布

東海地方
柴魚、領圓鯵魚乾、鯖魚乾、昆布

九州地方
小魚乾、飛魚、柴魚

資料來源：ヤマキ　だしコミュ

同款泡麵在關東、關西湯頭不一樣！？

在台灣也有販賣的日清食品咚兵衛，您知道不同地區的口味不同嗎？包括關東地區在內的日本東部地區，柴魚高湯的比例較高，並使用濃口（濃）醬油；日本西部，包括關西地區，昆布高湯比例較高，並使用薄口（淡）醬油；在北海道，則是使用當地的利尻昆布製作高湯。

高湯萃取方式

基本作法

1 將水和昆布放入鍋中,靜置20分鐘至1個小時。

2 用中小火加熱鍋子,當昆布開始產生小氣泡時,取出昆布。

3 轉成大火,煮開。加入柴魚,立即關火。靜置2~5分鐘。

4 以濾網過濾出清澈高湯。

如要冷藏或冷凍儲存,可加入高湯量1~2%的食鹽,能延長保存時間。

小愛家的方法

前頁的基本高湯作法是直接放入柴魚片，但在家裡，如果每次煮高湯都要濾出柴魚，相對麻煩。建議使用滷包袋，將柴魚片分裝進袋中，依需求決定份量。同樣，昆布也可事先剪成小塊，方便隨時取用。

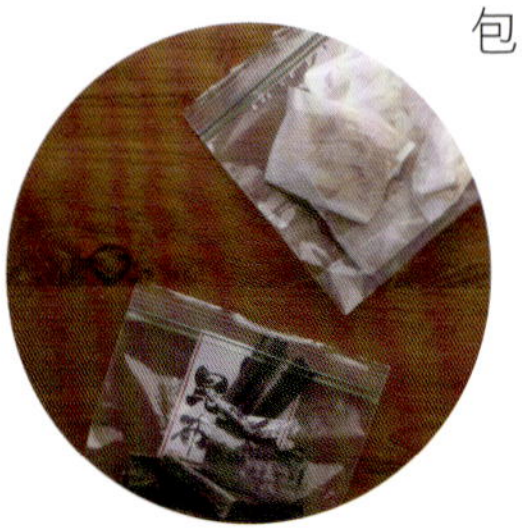

1 將水和小片昆布放入鍋中，靜置20分鐘至1個小時。

2 用中小火加熱鍋子，當昆布開始產生小氣泡時，取出昆布。

3 轉成大火，煮開。放入柴魚包後，立即關火。

4 靜置2〜5分鐘待風味釋出，取出柴魚包即可。

分裝好的柴魚包跟昆布小片，可裝進密封袋保存，就是常備的高湯材料了。

熬過高湯後的昆布和柴魚不要丟！
來做無添加的自製香鬆吧！

1. 先準備熬完高湯後的「高湯渣」。建議一次多做一些比較方便，每次煮完高湯後，將撈出的熬湯食材瀝乾水分，包保鮮膜或放塑膠袋冷凍起來，等到累積至約100克時再拿出來解凍製作。

2. 高湯渣先切碎，放入平底鍋，加入醬油3大匙半、味醂2大匙、水2大匙、砂糖1大匙半。

3. 把調味料和高湯渣拌勻，拌好後才開始開火。

4. 先用中火加熱，湯汁煮沸後一邊攪拌一邊繼續加熱，讓湯汁收乾，約2～3分鐘。接著轉小火，炒到呈現微乾鬆狀態就完成了。

5. 關火後加入白芝麻，裝入保存容器中即可。冷藏可保存約10天，冷凍則可保存1～2個月。

昆布小魚乾高湯

1 首先處理小魚乾。用手指摘除魚頭，再用指甲劃開腹部，將其去除。可以看到裡面黑色的內臟，將其去除。這個步驟非常重要，能去除雜味，做出清澈好喝的小魚乾高湯。

2 將昆布、小魚乾放入裝有份量水的鍋中，最少靜置約5分鐘讓它泡軟。

3 接著開中小火，當昆布開始產生小氣泡時，先取出昆布。

4 等水煮沸後，轉小火煮7～8分鐘。最後濾出小魚乾，即完成高湯。

其他便利的高湯食材

除了自己熬製高湯，現今也有各種形式與風味的高湯調味品，讓日常烹調更便捷。

湯粉／顆粒狀高湯

粒狀與高湯粉末的使用方式相同，多為瓶裝或袋裝，大小容量皆有。因為是散狀，只要依料理需求酌量加入即可，很容易控制用量。

高湯包

高湯包是將柴魚和昆布等高湯原料裝入不織布，像煮茶一樣，將一小包放入熱水中煮即可，是製作高湯的便利小物。由於裡面的材料是調配好的，比起從原料開始製作高湯，可以縮短時間、更快速。市售的高湯包有各種口味，比方以醬油、糖、食鹽等調味的高湯包、無添加的高湯包等，可依料理搭配來選用。

液體高湯（白高湯／濃縮柴魚高湯）

罐裝白高湯是最常見的，也有濃縮的柴魚高湯。這類液體高湯多為濃縮型調味液，將它想成麵條沾醬，會比較好理解。大多都需要加水稀釋後使用。由於其中多已加入醬油、味醂、糖和鹽等調味，因此依據料理的不同，使用液體高湯就可以做出美味佳餚。

高湯包

湯粉／顆粒狀高湯

黃金比例・火鍋湯底

日本的火鍋湯底非常多樣，換個湯底就能煮出完全不同的風味。

❖ 什錦火鍋湯　寄せ鍋つゆ

這款湯底以鰹魚昆布高湯作為基底，融合了海陸鮮味，再加入基本日式調味料增添層次，更能煮出食材鮮美、湯頭濃郁的滋味。

醬油：酒：味醂 = 1：1：1

適合食材
季節蔬菜、雞腿肉、豬肉火鍋片、肉丸、花枝丸、海鮮

材料
- 薄口醬油　4 大匙
- 酒　4 大匙
- 味醂　4 大匙
- 鹽　2/3 小匙
- 高湯（P025）　900ml

作法
將火鍋湯底的所有材料放入鍋中，煮沸後加入火鍋料燉煮即可。

昆布火鍋湯

湯豆腐／昆布鍋つゆ

這款湯底的材料很單純，能夠品嚐昆布本身的溫潤鮮美。推薦使用日高昆布；將昆布熬出高湯後，再切成約5公分小段放入鍋中，不僅是高湯材料，也可當作食材一同享用。

適合食材

豆腐、大白菜、蔥、香菇、雞腿肉、豬肉火鍋片

⇒ P036日式雞肉昆布鍋、P044日式蛤蜊昆布清湯

材料

昆布　15公分
水　1000ml
酒　4大匙

作法

用擰乾的濕布輕輕擦拭昆布表面。將水和酒倒入鍋中，放入昆布浸泡約15〜20分鐘。加入食材煮沸。可依個人喜好搭配柚醋、沙茶醬、芝麻醬等火鍋沾醬享用。

031　Part 1　高湯

豆乳味噌火鍋

豆乳味噌鍋つゆ

以絕配的豆漿和味噌做為基底調味，是具有濃郁鮮味的火鍋湯底。

適合食材

水餃、扇貝、雞腿肉、豬五花、大白菜、金針菇、豆腐

材料

高湯	700 ml
豆漿	300 ml
味噌	1½ 大匙
鹽	1 小匙
酒	2½ 大匙

作法

將高湯、酒、鹽放入鍋中，煮沸後轉小火，加入味噌與豆漿攪拌溶解，放入火鍋料燉煮即可。

◆ 書中食譜材料中的酒，多以清酒入菜，亦可依手邊材料，改用米酒或料理酒替代。

032

咖哩火鍋湯　カレー鍋つゆ

材料中的沾麵汁帶著昆布、柴魚的鮮味和醬油香，能讓辛香的咖哩湯頭更有層次；也因為含有醬油與高湯風味，跟火鍋裡的食材非常搭配！

適合食材

大根、豆腐、鴻禧菇、豬五花肉片、香腸、肉丸、花椰菜、高麗菜、小番茄

材料

咖哩塊	115 g
沾麵汁（P156）	100 ml
高湯	1000 ml

作法

將沾麵汁、高湯放入鍋中，煮沸後轉小火，加入咖哩塊攪拌溶解，放入火鍋料燉煮即可。

味噌相撲火鍋湯

味噌ちゃんこ鍋つゆ

這道濃郁的相撲鍋結合了多種鮮味，無論海鮮、雞肉還是豬肉，都能完美融合其中。建議混合兩種味噌來做，讓湯底的風味層次更為豐富。

適合食材

板豆腐、油豆皮、大白菜、小松菜、紅蘿蔔、香菇、雞腿肉、豬五花肉片、鮭魚

材料

酒	50ml
味醂	2大匙
醬油	1大匙
蒜泥	1小匙
薑泥	1小匙
味噌	6大匙
高湯	1000ml

作法

將味噌之外的材料全部放入鍋中，煮沸後轉小火，再加味噌攪拌溶解，放入火鍋料燉煮即可。

番茄火鍋湯　トマト鍋つゆ

如果吃膩了普通的火鍋湯底，試試西式番茄鍋吧！只需將鮮美的肉塊和蔬菜一起燉煮，即是簡單滿足的美味。

適合食材

五花肉塊、雞腿肉、香腸、大白菜、日本水菜、鴻禧菇、起司片、筆管麵

材料

- 薄口醬油　1大匙
- 酒　2大匙
- 味醂　50ml
- 鹽　1小匙
- 高湯　800ml
- 洋蔥　1大匙
- 番茄罐頭　1罐

作法

將所有材料放入鍋中，煮沸後加入火鍋料燉煮即可。

主菜

日式雞肉昆布鍋　水炊鍋

昆布高湯中的鮮味來自麩胺酸，與雞肉鮮味成分（肌苷酸）、以及菇類的鮮味（鳥苷酸）搭配使用，能產生相乘效果，讓鍋物更加濃郁鮮美。

食材

- 去骨雞腿肉　2片（約500g）
- 豆腐　1盒（約300g）
- 大白菜　1/8顆
- 金針菇　1包
- 茼蒿　1/2把（約100g）
- 紅蘿蔔　1/2條

湯頭

- 昆布火鍋湯　1份

沾料／佐料

- 椪醋（P154）　適量
- 蔥花、老薑泥　適量
- 柚子胡椒　適量

作法

1. 食材切成適口大小；高湯入鍋煮沸後取出昆布。
2. 放入食材煮沸、撈除浮沫，轉小火燉煮10分鐘至熟。
3. 取出的昆布切0.5公分條狀，放回鍋中作為食材增添風味。
4. 搭配椪醋與佐料即可享用日式雞肉昆布鍋。

Part 1　高湯

主菜

和風湯涮涮鍋
だし香るしゃぶしゃぶ

這道涮涮鍋結合了鰹魚與昆布的雙重鮮味，湯底充滿迷人的旨味與香氣。只需將肉片與蔬菜輕輕涮煮，就能享受食材本身的單純美味。

食材

豬五花火鍋肉片　500g
蔥　600g
紅蘿蔔　1條
白蘿蔔　¼條

湯頭

什錦火鍋湯　1份

佐料

柚子胡椒　適量

作法

1. 蔥斜切絲，紅蘿蔔用削皮器削薄片。
2. 湯底入鍋煮沸後，轉中火加半量蔬菜稍煮。
3. 肉片即可陸續入湯涮熟，與湯蔬菜一起享用。
4. 邊吃可適量補充食材續煮，湯變濃時加熱水調整。

Part 1　高湯

主食

干貝油炸豆皮炊飯
ホタテ貝と油揚げの炊き込みご飯

融合扇貝與油豆皮的海味與豆香，這道炊飯讓人想一碗接一碗。為了保持扇貝的柔嫩口感，建議不需事先調味燙煮，直接與米飯一同烹煮即可。

食材
扇貝　150g
油豆皮　1張
紅蘿蔔　30g
白米　2合

湯頭
關東煮湯（P157）360ml
鹽　1/2小匙

佐料
蔥花　適量

作法
1. 扇貝退冰、瀝乾水分；油豆皮解凍後沖熱水去油，切絲；紅蘿蔔切絲。
2. 白米洗淨，泡水30分鐘後瀝乾，與高湯拌勻入電鍋。
3. 加入所有食材拌勻後開始煮飯。
4. 煮好後將飯與配料拌勻，再燜10分鐘，撒上蔥花即可享用。

040

Part 1　高湯

主食

滑蛋烏龍麵　あんかけ卵とじうどん

滑蛋與勾芡高湯交織出濃稠滑順的口感，薑泥微辛提味，與彈牙烏龍麵完美結合，熱乎乎吃暖心也暖胃。

食材

冷凍烏龍麵　2球
雞蛋　2顆
太白粉　2大匙
水　2大匙

湯頭

沾麵汁（P156）　500ml
水　300ml

佐料

蔥花　適量
老薑泥　2小匙

作法

1 太白粉與水各2大匙調勻；蛋打散成蛋液，備用。

2 鍋中倒入沾麵汁和水，中火煮沸，加入冷凍烏龍麵煮1～2分鐘至散開，撈出裝碗。

3 轉小火，以太白粉水勾芡，再轉中火慢慢倒入蛋液煮熟。

4 將湯汁倒入烏龍麵碗中。撒上蔥花與薑泥即完成。

042

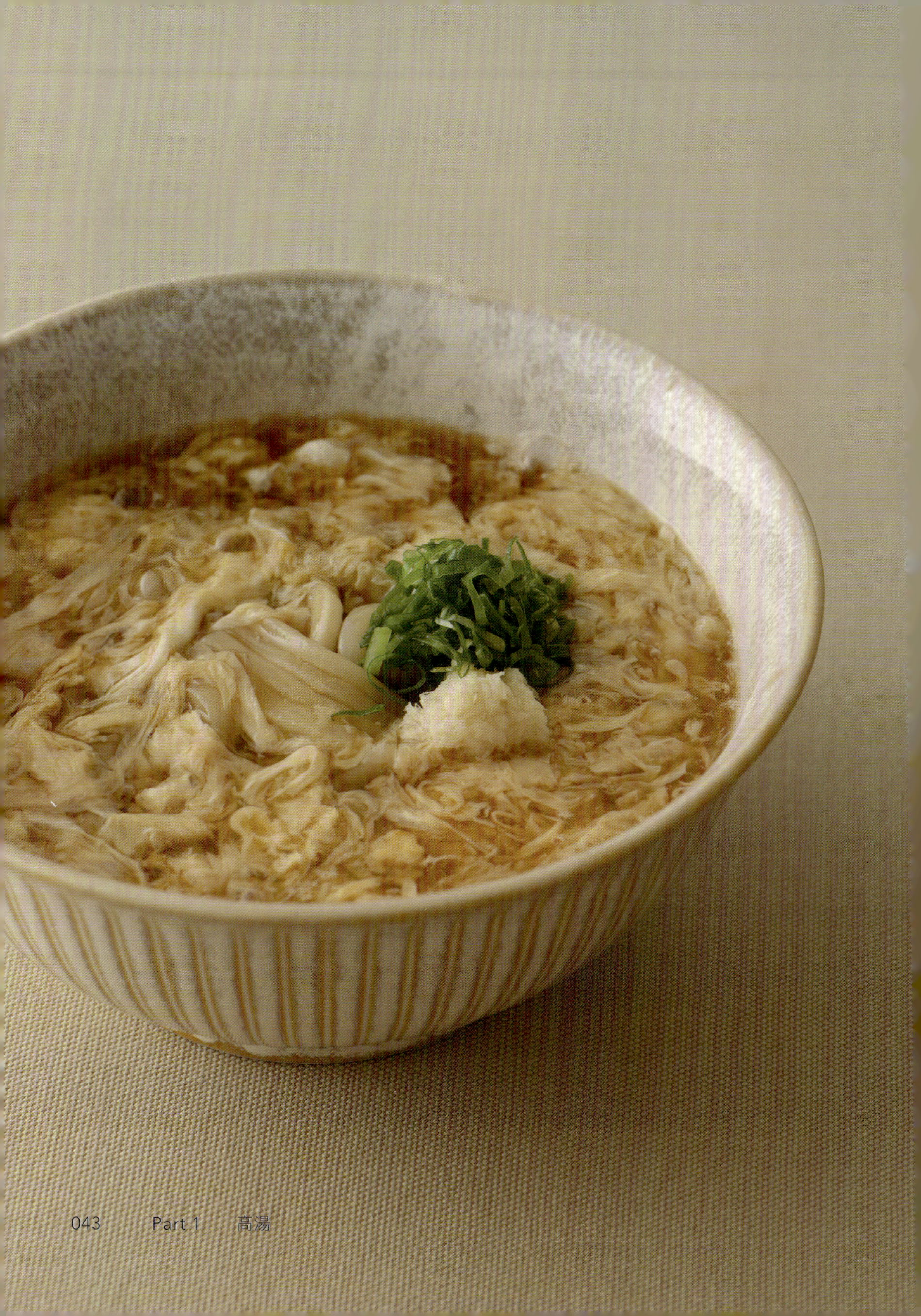

湯品

日式蛤蜊昆布清湯　はまぐりの潮汁

蛤蜊清湯不使用柴魚高湯，而是透過貝類與昆布釋放鮮味，在日本被稱為「潮汁（うしおじる）」。

食材
蛤蜊　20顆
昆布火鍋湯　1份
鹽　少許

佐料
甜豆（燙過）　少許

作法
1. 蛤蜊吐沙後，用流動的清水搓洗乾淨。
2. 鍋中放入蛤蜊與昆布高湯，蓋上鍋蓋以中火加熱，等蛤蜊開口後撇去浮沫。
3. 加鹽調味，關火後盛入碗中，撒上甜豆即可享用。

Part 1　高湯

小菜

炸浸高湯夏天蔬菜　夏野菜の揚げ煮浸し

將夏季蔬菜炸得酥香，再浸入高湯吸飽風味，趁熱享用就很好吃，或冷藏一晚後更入味，是一道迷人的和風常備菜。

食材

南瓜　200g
櫛瓜　1條
茄子　1條
甜椒　1顆
玉米筍　8條
小番茄　8顆
炸油　適量

醬汁

沾麵汁（P156）　600ml
味醂　2大匙

作法

1　蔬菜切成合適大小；茄子皮上劃格子刀，小番茄淺切防爆。

2　鍋中混合醬汁材料煮沸，關火備用。

3　以170度油溫炸蔬菜，瀝油後放入容器。

4　淋上醬汁放涼，冰箱冷藏2〜3小時或隔夜更入味，即可享用。

046

Part 1　高湯

小菜

日式高湯醃番茄　丸ごとトマトの出汁びたし

番茄的自然甜味與高湯的鮮味相互融合，是一道漂亮的清爽開胃菜。

食材

番茄（小）　8顆（約800g）
生薑泥　2小匙
紫蘇葉絲　4片

醬汁

關東煮湯（P157）　400ml
鹽　½小匙

作法

1. 去除番茄蒂頭，放入沸水中燙至表皮裂開後，立即冷卻並去皮。
2. 擦乾番茄表面，放入耐熱密封袋。
3. 關東煮湯入鍋加熱，加鹽調味，煮沸後關火，趁熱倒入密封袋中。湯稍涼後封口，冷藏入味。
4. 取出醃漬番茄盛盤，倒入適量湯汁，放上薑泥與紫蘇葉絲，即可享用。

Part 1　高湯

小菜

蝦香大白菜高湯拌菜　白菜と海老、揚げの煮浸し

這道料理充分吸收了櫻花蝦的鮮味，是一道口感清爽又美味的家常料理。

食材

大白菜葉	4片（約400g）
油豆皮	1張
櫻花蝦	4大匙
芝麻油	½小匙

醬汁

沾麵汁（P156）	300ml
水	100ml

作法

1 大白菜縱切對半，再橫切3公分分段；油豆皮解凍後沖熱水去油，切絲。

2 鍋中放大白菜、油豆皮、櫻花蝦，倒入沾麵汁和水，蓋上鍋蓋，以中火煮沸後，轉小火燉煮6~7分鐘。

3 白菜煮至變軟透明後，起鍋前淋上芝麻油，連同湯汁盛碗即可享用。

050

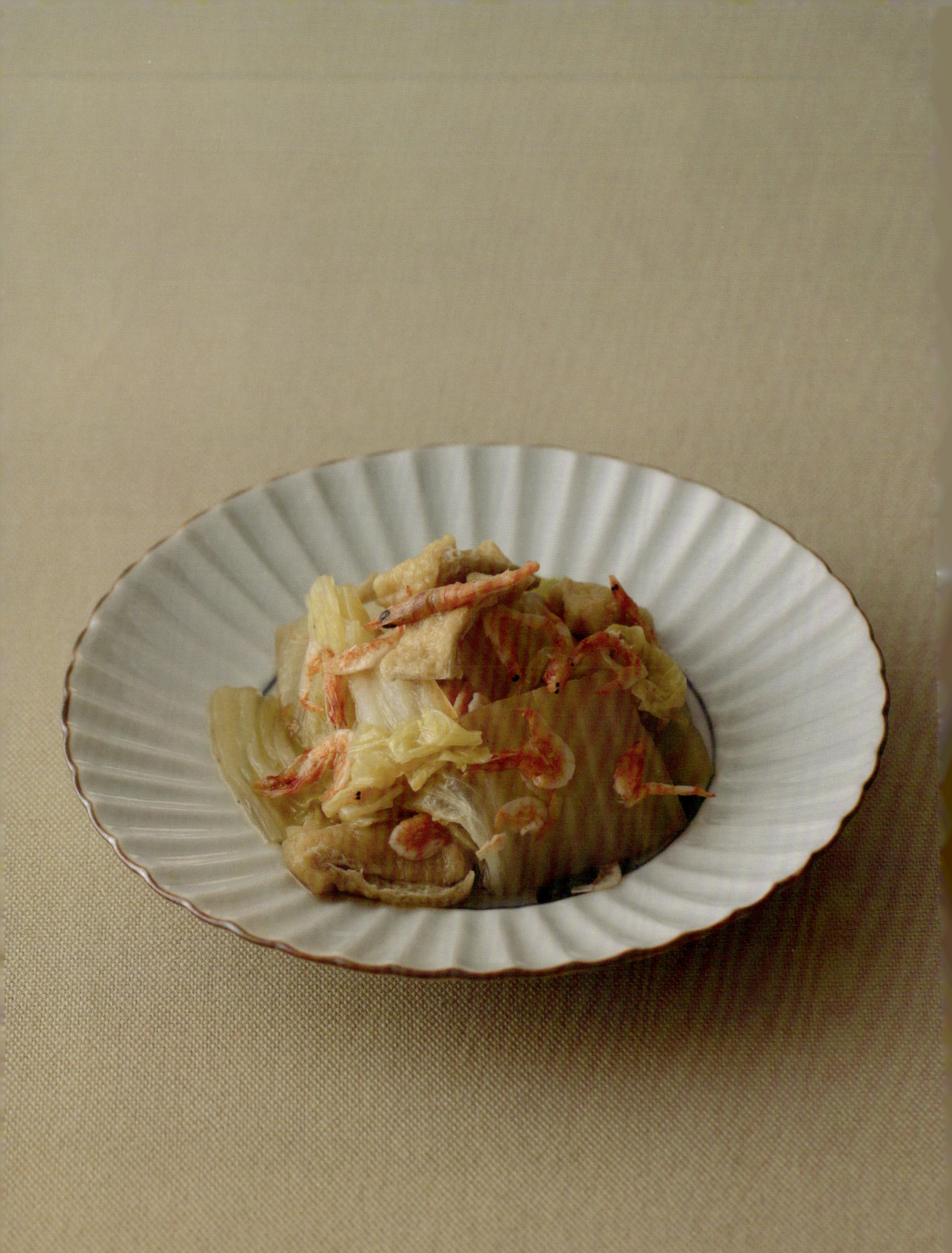

Part 2

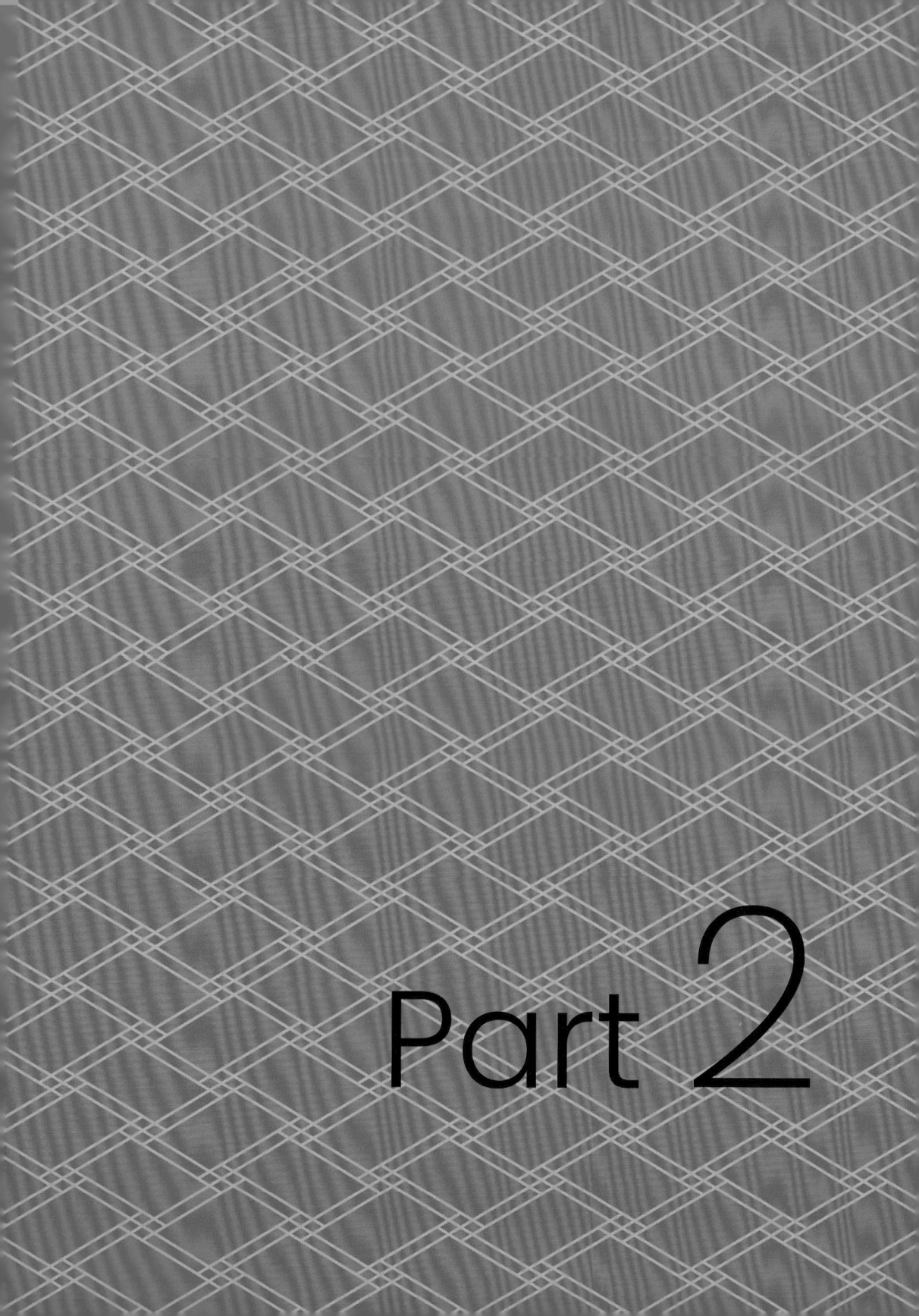

味醂
さ
Sa

味醂能帶來砂糖無法取代的高雅甘甜，為菜色增添光澤，同時具有優異的滲透力與保型效果，讓食材更入味、外型不鬆散。無論是去腥、提香或烘托整體風味，味醂都是和食中重要的調味角色。

味醂的起源與發展

味醂——現今為人熟知的日式調味料，在古代原本是一種「飲品」。關於味醂的起源主要有兩種說法：

一、中國傳來說

根據中國清代的《湖雅卷八·造釀》記載，有一種名為「密淋」的甜酒。據說這種甜酒在戰國時代便經由琉球（今沖繩）與九州傳入日本，在當地被賦予「蜜淋」或「美淋」等漢字名稱，進而傳播至日本各地，逐步演變為現今所見的「本味醂」。

二、日本本土發展說

另一說法是，源自日本古代已有「練酒」與「白酒」等甜酒，後來發展成為了味醂。根據1466年京都相國寺鹿苑院僧人

味醂的歷史演變

味醂的角色，從最初作為甜酒飲品，逐步轉化為日本料理中重要的調味料，其歷程跨越數個時代，與日本飲食文化的變遷息息相關。

戰國時代（1467～1615年）

根據《駒井日記》的記載，當時的味醂以「味醂酎」之名，作為甜酒飲用。在文祿二年（1593年）所記的《蔭涼軒日錄》記載，當時博多已有一種名為「練酒」的甜酒。其製法類似於台灣的甜酒釀，是一種將米與米麴混合後發酵而成的酒，酒精濃度低，保存不易，容易腐敗。為了解決這個問題，人們開始加入燒酒作為防腐改良，最後發展為現在的「本味醂」。

江戶時代（1603～1868年）

味醂作為高級甜酒，逐漸流行於女性與庶民之間。這時候的味醂仍是作為飲用酒品。

江戶後期

隨著鰻魚飯店與蕎麥麵店等平民料理餐廳的興盛，味醂開始從飲品轉變為調味料，逐漸被用於製作鰻魚醬汁與蕎麥麵沾醬等。

明治時期至戰前（1853～1945年）

在這段期間，味醂仍被視為高級品，主要使用於正統的日本料理店。一般家庭使用味醂的情況並不普遍，僅限於部分富裕階層。

昭和30年（1955年）

本味醂的稅制減免政策使其價格開始下降，加上家庭結構變化，這時期日本的專職家庭主婦成為主流，味醂開始廣泛成為家庭料理的調味料。

日本味醂的主要產地

在日本全國的味醂總產量中,位居前三名的生產地區分別是:千葉縣、兵庫縣與愛知縣。這些地區不僅具備優良的釀造條件,也孕育出許多歷史悠久、品質優異的品牌。

千葉縣─流山本味醂的故鄉

千葉縣流山市位於江戶川沿岸,自江戶時代以來,便是味醂的重要供應地。當地的「流山本味醂」使用傳統古法釀造,特色為淡褐色澤、上品的風味與溫和的香氣。知名品牌如「龜甲萬」也在此地設廠生產味醂。

愛知縣─三河味醂的發源地

愛知縣的三河地區被認為是味醂的發源地,「三河味醂」是享譽全日的品牌。特別是在碧南市,地處三河灣畔、矢作川河口,自古以來就是味醂、清酒、味噌與醬油的有名產地。代表性的品牌如「九重味醂」與「甘強味醂」等。

兵庫縣─清酒與味醂共生的產地

兵庫縣的灘與伊丹地區是日本著名的清酒產地,同時利用當地生產的酒粕為原料來釀製本味醂。其中,「日之出味醂」是全國知名的品牌之一,結合清酒釀造所累積的知識與設備,使該地的味醂擁有獨特的香氣與滑順的口感。

056

味醂的製作方法

新式製法

新式製法是在近代工業化發展下誕生的生產方式。使用甲類燒酒（即經過多次蒸餾、幾乎無香味的純酒精），在大型儲藏罐中進行量產化釀造，釀造與熟成期僅需40～60天，能大幅降低成本並提高生產效率。然而，新式製法所製作的味醂與古式製法相比，風味與口味都較為清淡。

古式製法

古式製法保留了江戶時代以來的傳統工藝，使用本格燒酎（乙類燒酒）作為酒精來源，經過長時間的糖化與熟成，風味濃厚、口感圓潤，製程時間長達6個月至1年以上，因此成本較高。

蒸米
將原料糯米以高溫蒸煮。

↓

混合
糯米蒸好後冷卻，與米麴和燒酒混合，倒入儲藏罐中進行發酵準備。

↓

罐內發酵
糯米、米麴和燒酒會以均等方式放入儲藏罐中，確保味醂品質均一。

↓

壓榨
味醂的醪液最少需經過幾個月的熟成，於低溫的酒藏內緩慢儲藏。熟成後進入壓榨工序，將生味醂與味醂粕分離。味醂粕會出售給製作醃菜食品的廠商。

↓

過濾
為了去除味醂中的雜質與異物，進行過濾處理。在此階段，味醂會變得更加純淨。

↓

裝瓶與出貨
將味醂裝入瓶中。最後貼上標籤，出貨。

味醂的分類

在超市的調味料架上，我們常會看到各式各樣標示為「味醂」的產品，名稱相似，實際上卻有本質上的不同。除了以糯米釀造、風味溫潤自然的「本味醂」，也常有如「味醂風調味料」、「味醂類型發酵調味料」等類似產品。不同名稱的味醂究竟有什麼差異？又該如何選擇適合的味醂？

回顧歷史，昭和時代的戰爭期間與戰後初期，日本曾面臨嚴重糧荒。本味醂因需使用糯米釀造，被視為奢侈品，其生產幾乎停滯。為確保民眾有足夠的食用米，政府對米釀酒類課徵高額稅金，稅負甚至高達售價的八成。為了避開重稅與原料短缺的問題，食品業者開發出不使用糯米釀造、也不屬於酒類的「味醂風調味料」以及「發酵調味料」。這些產品模仿了本味醂的甜味與風味，因應當時社會需求而迅速普及，並延續至今，成為味醂市場的一環。

	本味醂—古式製法	本味醂—新式製法	味醂風調味料	味醂類型發酵調味料
原料	糯米、米麴、燒酎	糯米、米麴、甲類燒酎、水飴（麥芽糖）等	水飴（麥芽糖）、葡萄糖等釀造用糖類、米與米麴等釀造用原料	粳米、糖類、酒精、鹽
製法	糖化熟成	糖化熟成	混合	發酵、加鹽、混合
熟成期間	約1～3年	約40～60日	無	無
酒精含量	約14%	約14%	幾乎不含酒精	約14%
鹽分	0%	0%	不到1%	約2%
風味	複雜又自然的風味	酒精中帶有柔和旨味與甜味	單一甜味	酒精中帶有柔和旨味與鹹味
歷史源起	約1600年起	戰後	戰後	戰後

本味醂 本みりん

本味醂是以糯米、米麴與燒酎為主要原料，經過糖化、發酵與熟成製成，酒精濃度約為14%，風味自然、甜味溫和，適合應用於各式傳統日式料理中。本味醂的製程必須包含糯米與米麴的糖化與發酵過程，這也與其他類似產品如味醂風調味料或發酵調味料形成了明顯區別。

根據製法不同，本味醂可分為古式製法與新式製法兩種：
- 古式製法使用傳統的本格燒酎，釀造與熟成時間較長，風味濃郁。
- 新式製法則採用成本較低的甲類燒酎（又稱「白酒」（ホワイトリカー），是一種在居酒屋中常用作調製沙瓦類飲品的基底酒），並以大型儲藏罐短期熟成（約40～60天），風味相對清淡。

味醂風調味料 みりん風調味料

「味醂風調味料」是一種雖然味道模仿本味醂，但製法完全不同的產品。以水飴、釀造用糖類與調味料混合製成，無需長時間熟成，因此可在短時間內大量生產。酒精濃度低於1%，不僅在法律上不被視為酒類、免課酒稅，製造成本也更低廉。因此在戰後日本經濟快速成長時期迅速普及成為受歡迎的平價選擇。

幾乎不含酒精的特性，料理上也有其方便之處；比方製作涼拌菜時，若用本味醂通常需加熱煮沸以揮發酒精，但味醂風調味料直接加入即可。儘管名稱中含有「味醂」，但從原料、製法到風味表現，它都與真正的本味醂是完全不同的調味料。

味醂類型發酵調味料 みりんタイプ

「味醂類型的發酵調味料」是一種與本味醂相似的調味品，具有酒精香氣和一定的發酵風味，為了防止飲用，加入了2%的鹽分。因其不當成酒精飲料，不須繳納酒稅，因此價格相對便宜。其製作方法是以加鹽的釀造發酵液為基礎，再加入糖類及其他原料混合而成。由於已經含有2%鹽分，在烹調使用時，需注意依食譜或口味調整鹽的用量。

從商品標籤辨別味醂

了解味醂的分類後,當真的要開始選購時,更重要的是學會看懂商品標籤,才能買到真正符合需求的味醂。要有效辨別,可特別留意標籤上所標示的「品名」與「原料」兩處。

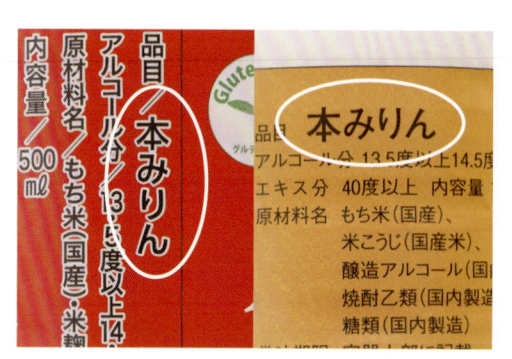

本味醂:標籤上會清楚標示「本味醂」字樣,這類產品是以糯米、米麴和燒酎為原料,經發酵與熟成製成,酒精濃度約為14%。若屬於古式製法,原料會標示為「本格燒酎」或「米燒酎」;若為新式製法,則可能標示為「酒精」或「甲類燒酎」。

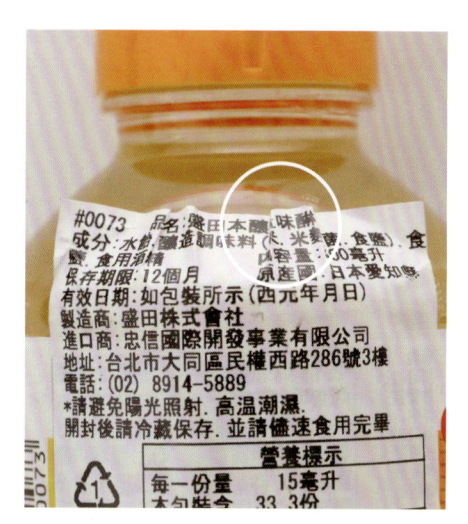

味醂類型的發酵調味料:這類產品的名稱可能標示為「味醂タイプ(味醂類型)」或「釀造調味料(釀造調味料)」。原料中除了酒精外,可看到還加入了食鹽。

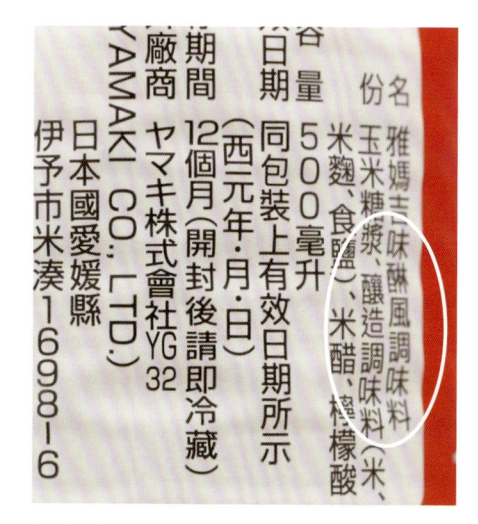

味醂風調味料:這類產品通常會在名稱上直接標示為「味醂風調味料(みりん風調味料)」,其主要成分為水飴(麥芽糖)、葡萄糖和釀造調味料等,幾乎不含酒精(酒精濃度低於1%)。

060

味醂的料理特點

增添圓潤的甜味

味醂能帶來砂糖所無法模擬的「高雅甜味」。砂糖的甜味直接，味醂則擁有更為複雜且豐富的甘味。本味醂的主要甜味來源是葡萄糖，這種糖分相較於砂糖所含的蔗糖，口感更加清爽、自然，後味更清新。此外，本味醂含有九種以上的糖類成分，使其甜味不僅清雅，還具備濃郁而深層的甘甜感。常見的烹調應用包括麵醬汁、沙拉醬、拌菜等。

為料理增添光澤與亮澤

味醂能賦予料理美麗的光澤與亮澤感。這是因為味醂中所含的糖類會在食材表面形成薄膜，鎖住水分與美味。最典型的食譜就是「照燒」風味，例如鰤魚照燒或雞肉照燒等。如果不使用味醂，醬汁就難以展現應有的光澤，料理也會顯得黯淡，因此，味醂在照燒醬汁中可說是不可或缺的角色。

保持食材完整外型

味醂中的酒精與糖類能有效防止食材在烹調過程中煮爛或碎裂。酒精可穩定肉類的蛋白質結構，讓肉質柔軟卻不易碎散，也能讓植物性食材（如馬鈴薯或南瓜）的細胞壁不易破裂，減少煮爛的情況。與糖類一起使用時（會在食材表面形成保護膜），效果會更明顯。在製作如肉燉馬鈴薯或燉南瓜等料理時，即使煮得很軟，食材仍能保持完整形狀，這正是味醂在燉煮料理中的效果。

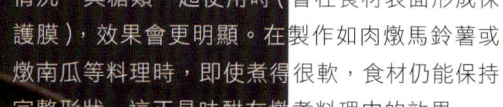

讓食材吸收豐富鮮味

味醂中的酒精分子很小，具有優異的滲透力。搭配其他調味料一起使用時，味醂中的胺基酸、有機酸和糖類等成分能迅速深入食材，使其均勻入味，並保留原有的鮮味與香氣。像是關東煮這類講求入味的料理，加入味醂後可展現出溫潤甘美、風味醇厚的理想效果。

去除魚肉等食材腥味

味醂中的酒精在揮發時，因為共沸效應，能幫助消除腥味。本味醂中的酒精以及加熱後產生的糖類、胺基酸等成分能覆蓋腥味來源，進而減弱不愉快的氣味。這項特性特別適合用於雞腿肉、控肉或紅燒魚雜等容易產生腥味的料理。

檸檬冷烏龍麵　冷やしレモンうどん

提供芳醇甜味

在日本，沾麵汁搭配涼烏龍麵的料理即為「冷烏龍麵」，因為想做出更清爽的變化，加上了檸檬片，檸檬的香氣與酸味，讓這道烏龍麵成為炎熱天氣的完美料理。

食材

稻庭風烏龍乾麵　200g
黃檸檬　½顆
綠檸檬　½顆

湯頭

沾麵汁（P156）　200ml
冷開水　100ml
冰塊　適量

佐料

蘿蔔泥　適量

作法

1. 依包裝上的建議時間煮烏龍麵，過冷水瀝乾；檸檬切薄片，白蘿蔔磨成泥狀。
2. 將沾麵汁與冷開水混合（水量可根據喜好來調整濃淡），備用。
3. 碗中放冰塊，擺上烏龍麵、檸檬片與蘿蔔泥，淋上湯汁即可享用！

Part 2　味醂

食材表面光澤滑順

照燒雞　鶏の照り焼き

這道料理鹹甜下飯，無論大人還是小孩都很喜歡。記得煎雞肉的時候，用廚房紙巾吸掉多餘油脂，這樣即使放涼後也很好吃，非常適合做成便當菜喔。

食材
去骨雞腿肉　1片（約200g）
太白粉　2大匙
沙拉油　2大匙

調味料
照燒醬（P152）　50ml

配菜
生菜、番茄　適量

作法

1 將雞腿肉的厚度調整均勻後，裹上一層太白粉。

2 平底鍋倒入沙拉油，開火後立即將雞腿皮朝下放入鍋中，以中火煎大約3～4分鐘至表面呈金黃色。翻面再煎2分鐘，並用紙巾吸去多餘的油脂。

3 將雞腿皮朝下，加入照燒醬，以中火燒煮並讓醬汁均勻裹上雞肉入味。

066

Part 2　味醂

燉煮馬鈴薯豬肉　肉じゃが

說到日式家庭料理的經典菜色就是「燉煮馬鈴薯豬肉」。

在日本，關西地區多使用牛肉，而關東地區偏好用豬肉。

這道食譜以豬肉來做，呈現出濃濃的關東風味，也是小愛家的家鄉味道。

避免食材崩解

食材

- 豬五花肉片　150g
- 洋蔥　1/2 顆
- 紅蘿蔔　1/2 條
- 馬鈴薯　2 顆
- 蒟蒻卷　200g
- 四季豆　4~5 根
- 沙拉油　1 大匙

調味料

- 親子蓋飯醬（P155）　90ml
- 水　150ml

作法

1. 洋蔥切月牙狀，紅蘿蔔滾切，馬鈴薯切塊，四季豆切段汆燙，蒟蒻卷燙過備用。
2. 鍋中熱油，中火炒肉片至變色後，加洋蔥、紅蘿蔔、馬鈴薯再拌炒2~3分鐘。
3. 倒入親子蓋飯醬與水，蒟蒻卷也加入，邊撇浮沫，煮滾後轉小火，蓋上鍋蓋燉10分鐘，再開蓋煮5分鐘稍微讓它收汁。
4. 盛盤後放上四季豆，即可享用。

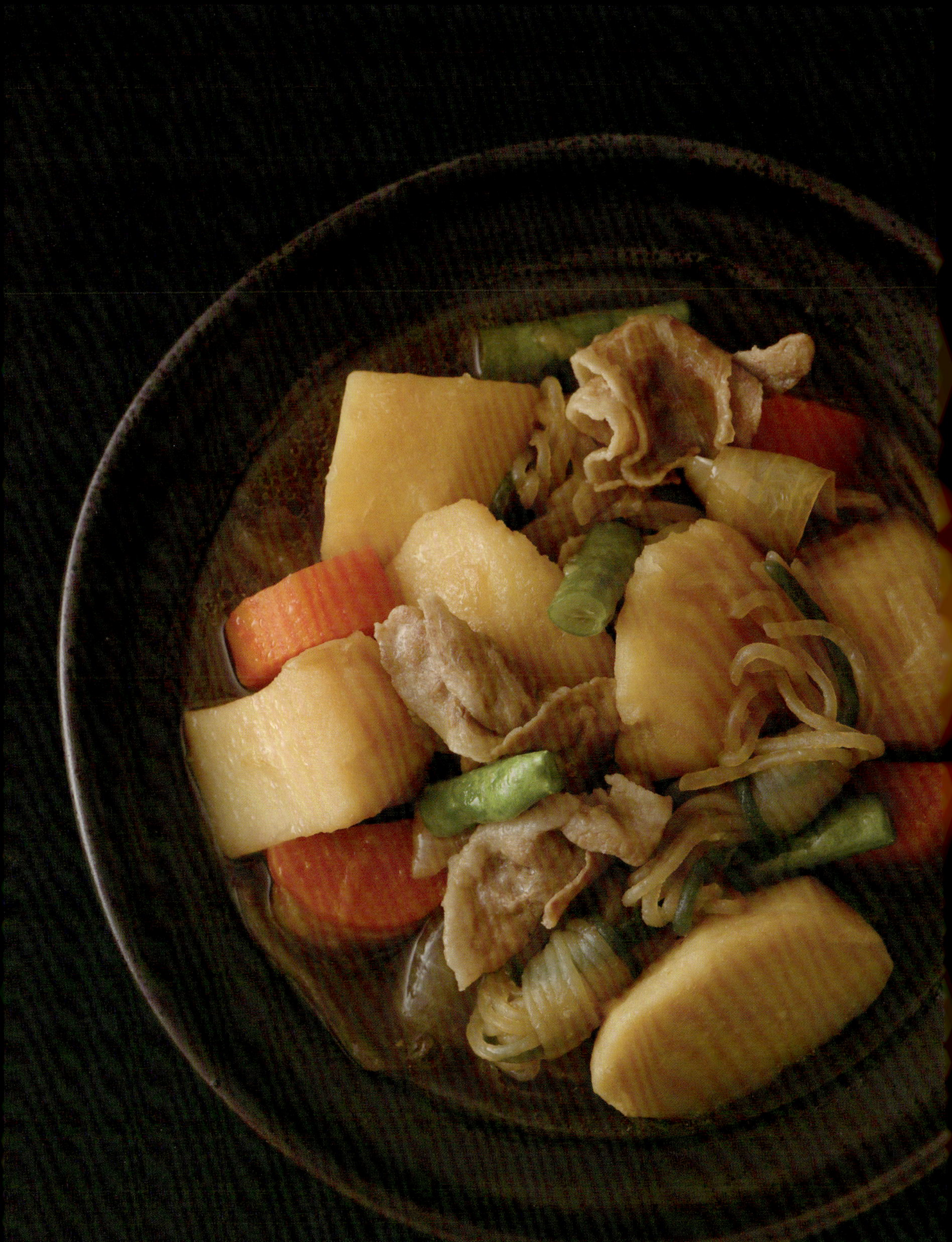

南瓜煮物 かぼちゃのそぼろあん

保持食材完整

帶有黑綠色外皮、金黃色細緻果肉的栗子南瓜，搭配肉末勾芡醬汁，風味絕佳。味醂中含有的酒精和糖分，能有效防止食材煮爛。加入味醂後，即使南瓜煮軟，還是能保持完整形狀、不會散開，這就是味醂的厲害之處。

食材
栗子南瓜	400g
豬絞肉	100g
沙拉油	½大匙
太白粉	½大匙
水	1大匙
老薑泥	1~2小匙

調味料
親子蓋飯醬（P155）	150ml
水	150ml

作法

1. 南瓜洗淨後，切成4~5公分的塊狀。
2. 鍋中加熱少許油，將絞肉翻炒至變色後，加入南瓜稍微翻炒即可。
3. 加入親子蓋飯醬與水，煮沸後再煮10分鐘。
4. 用太白粉水勾芡，最後加入薑泥，即可完成。

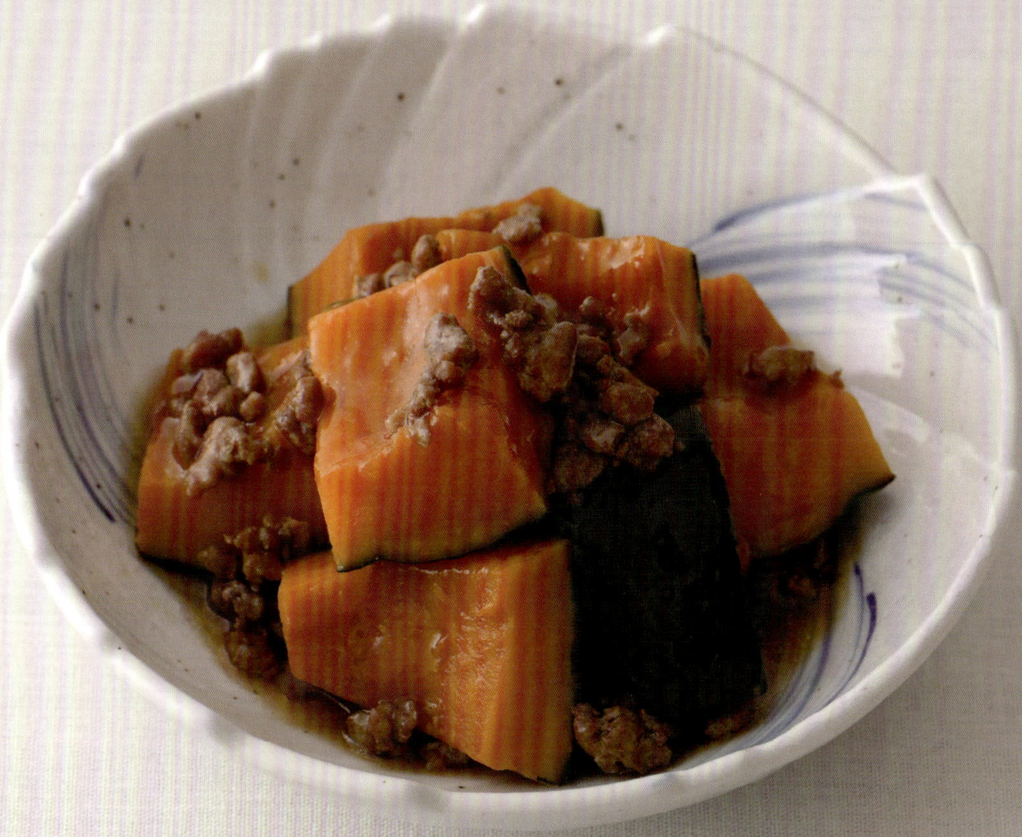

賦予層次與鮮味

醋拌海帶芽小黃瓜 胡瓜とわかめの酢の物

海帶芽加上魩仔魚的鮮味十分可口。
只要事先調好三杯醋,
就能很快速完成這道小菜。

食材
- 小黃瓜　2 條
- 海帶芽　20 g
- 魩仔魚　60 g
- 生薑　1/2 塊（約 5 g）

調味料
- 三杯醋（P122）　90 ml
- 鹽　1/2 小匙

作法

1 小黃瓜切片,撒鹽搓揉靜置10分鐘後擠乾水分。

2 海帶芽泡發,切小段;魩仔魚燙煮後瀝水;薑切絲。

3 小黃瓜放入碗中,倒入三杯醋拌勻。

4 加入薑絲、魩仔魚、海帶芽混合,擺盤淋上調味汁,即可享用。

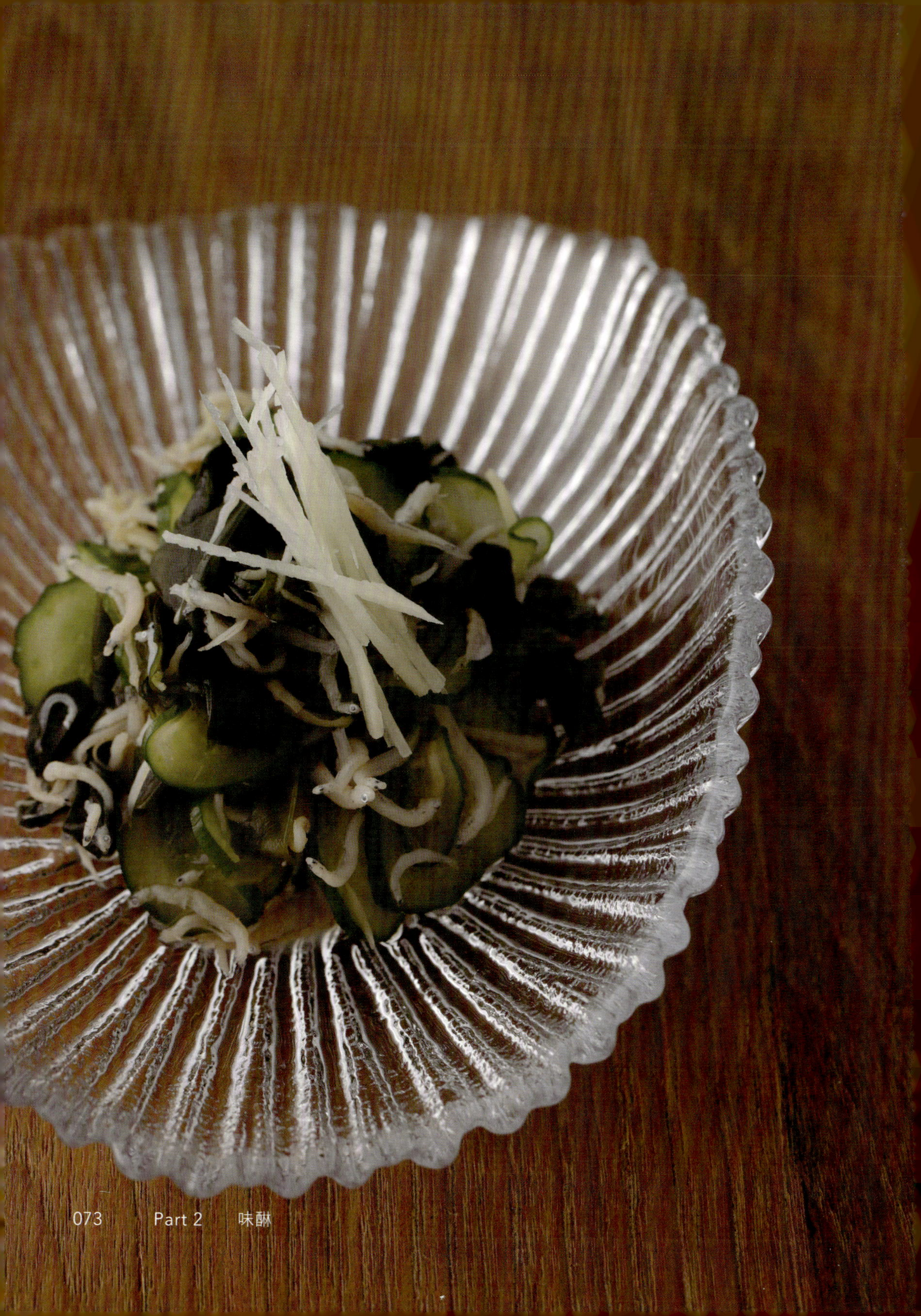

關東煮　おでん

更易入味

關東煮的食材下鍋順序，建議從不容易入味的開始。像是比較硬的白蘿蔔要先放，接著放水煮蛋和各種火鍋料，鱈魚片則建議最後再放，因為煮太久會變得太軟，不好夾取。

想煮出好吃的關東煮，關鍵就在於昆布和柴魚熬煮的高湯，建議多準備一些高湯，才能隨時補充，享受不同食材熬煮出的層次風味。

食材

- 白蘿蔔　1/4 條
- 蒟蒻（黑色）　1/2 片
- 烤竹輪　2 條
- 鱈魚片　1 整片
- 油豆腐（小）　3 個
- 迷你牛蒡卷　3 個
- 魚揚豆腐　3 個
- 水煮蛋　2 顆

湯頭

- 關東煮湯（P157）　1 份

作法

1. 白蘿蔔削皮，切 3～4 公分厚度圓塊狀，劃十字刀方便入味。
2. 蒟蒻切三角形，竹輪對半切，鱈魚片切三角形，油豆腐與其他火鍋料燙水去油。
3. 大鍋中倒入關東煮湯，放入白蘿蔔煮滾後，放蒟蒻轉小火煮 30 分鐘，再加入火鍋料與水煮蛋煮 20 分鐘。
4. 上菜前放入鱈魚片，小火煮 5 分鐘。搭配黃芥末享用，更具日式風味。

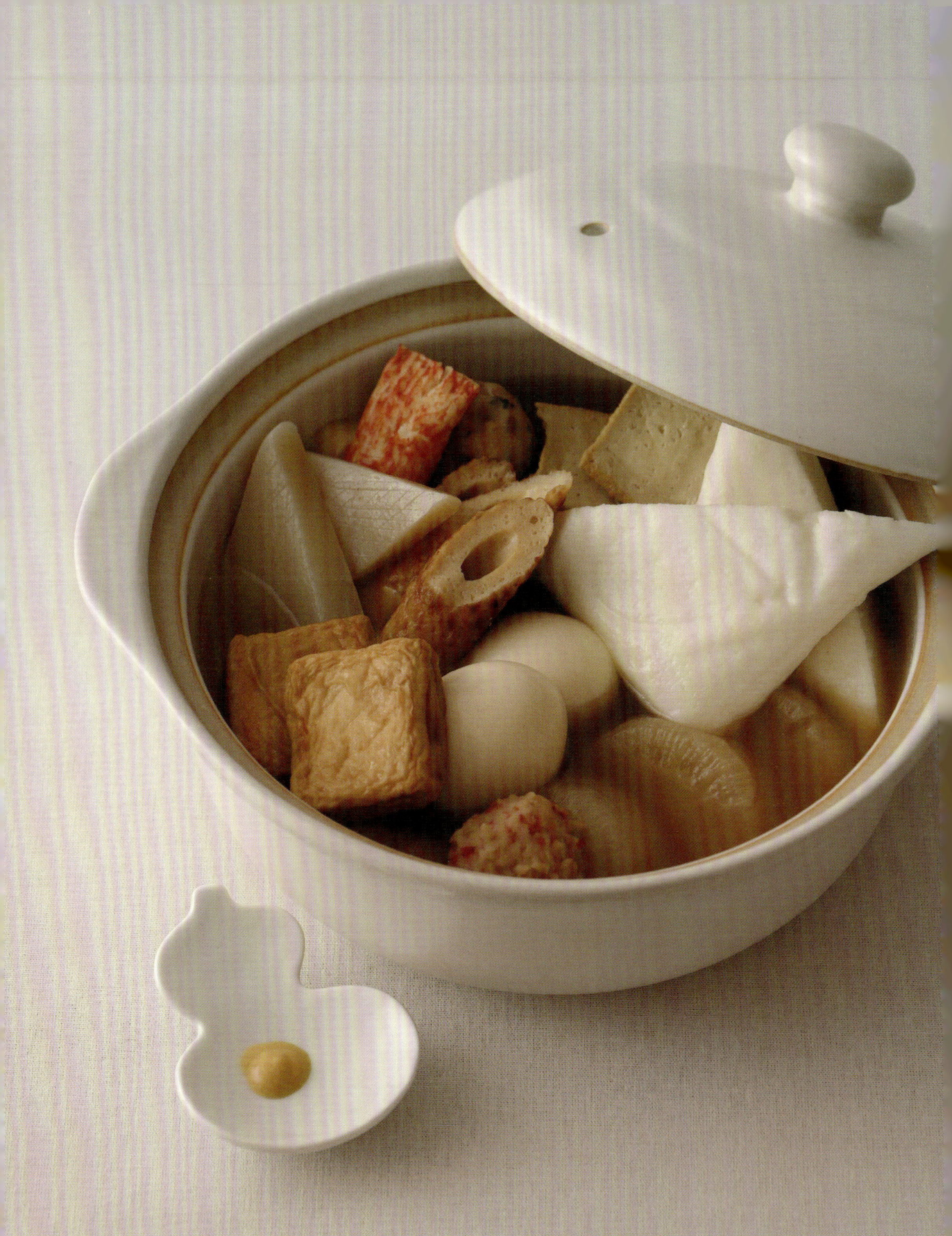

親子蓋飯　親子丼

> 更易入味

在日本受小朋友喜愛的蓋飯種類中，親子丼特別有人氣，將雞蛋煮得柔嫩鬆軟是美味關鍵。

食材
雞腿肉　250g
洋蔥　¼顆
雞蛋　2顆
白飯　400g

調味料
親子蓋飯醬（P155）100ml

佐料
蔥花　適量

作法

1. 雞肉切成2公分大小的塊狀；洋蔥切薄片；雞蛋打散成蛋液，備用。
2. 在小平底鍋中倒入親子丼醬汁，放入雞肉和洋蔥，中火煮2分鐘，翻面再煮1分鐘。
3. 倒入一半的蛋液，煮至半熟狀態，再倒入另一半蛋液煮30秒，蓋蓋子關火再燜30秒。
4. 將煮好的雞肉和蛋淋在白飯上，最後撒上蔥花，即可享用。

Part 2　味醂

> 除臭去腥

紙包鮭魚　サーモン包み蒸し

調味中加入味醂可以去除鮭魚的腥味，烘焙紙蒸烤的方式，亦能完全留住鮭魚的鮮美風味。

食材
鮭魚　1片（約200g）
洋蔥　1/8顆
喜歡的菇類（如金針菇、鴻禧菇、香菇等）50g

調味料
味醂　2½大匙
味噌　1/2大匙
奶油　5g

佐料
蔥花　適量

作法
1 在烘焙紙上放洋蔥、菇類、鮭魚。
2 將味噌和味醂混合均勻。
3 在鮭魚上放奶油，淋上調好的味噌味醂醬。
4 將烘焙紙的開口扭轉並封口後，放入平底鍋，倒入約1公分深的水，蓋上鍋蓋，以中小火蒸煮15分鐘。最後撒上蔥花即完成。

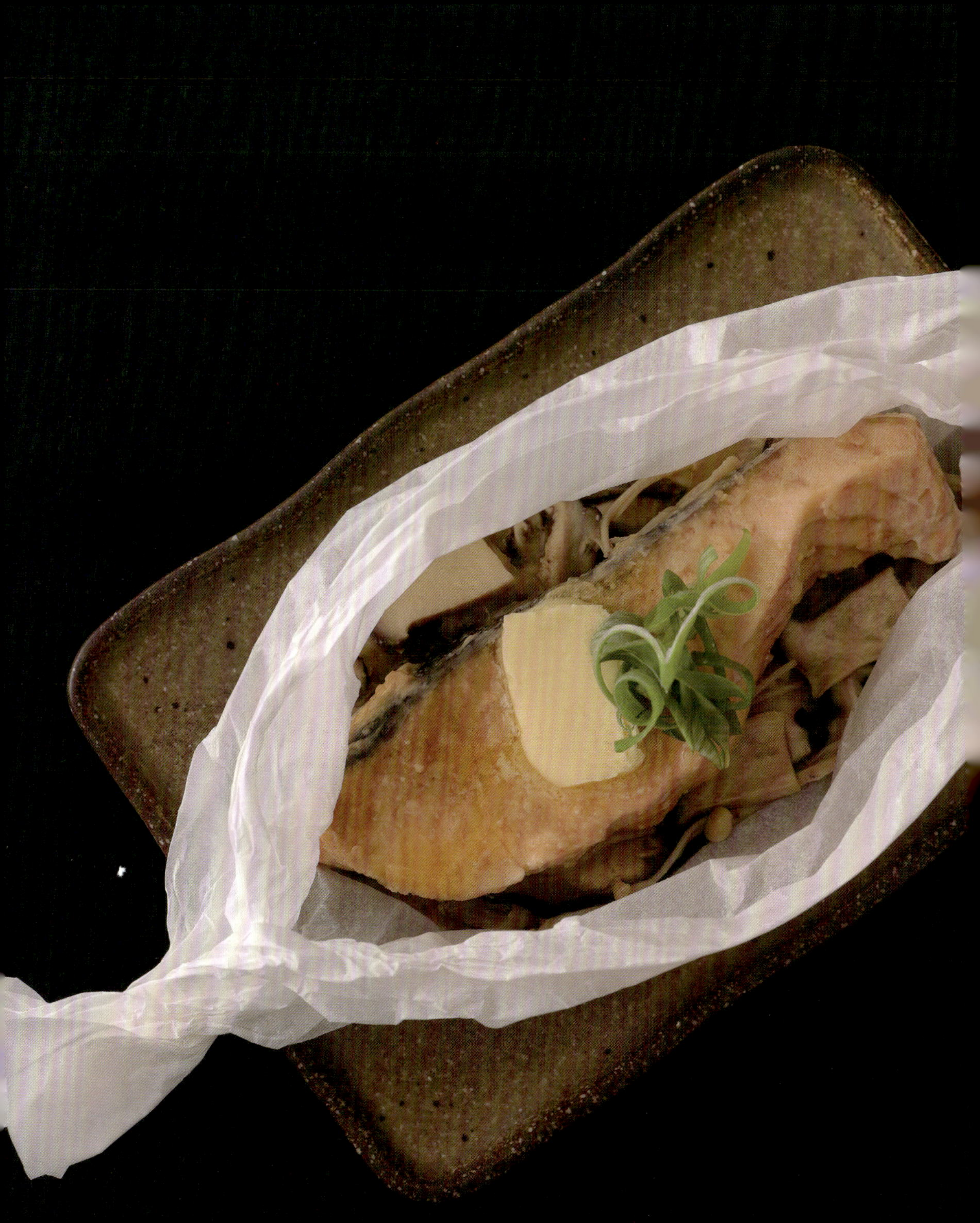

Part 3

鹽麴

し
Si

鹽麴是一種傳統且持續受到矚目的發酵調味料，由米麴、鹽與水混合後，經過發酵與熟成製成。在溫潤鹹味之後，並有發酵帶出的自然鮮味與甘甜，這種多層次的風味，使鹽麴成為日常料理中的萬用調味料。

鹽麴的興起與調味魅力

	鹽麴	鹽巴
食譜用量代換比例	2	1
實際所含鹽分比例	1/4	1
風味特色	溫潤鮮美的鹹味	單純的鹹味

鹽麴是一種來自日本東北地區的傳統發酵調味料，成分單純，以麴菌、鹽與水混合後自然發酵而成。其起源可追溯至江戶時代的文獻中，當時已有「塩麴漬」的記載，顯示部分地區曾將鹽麴用作調味料，但當時尚未普及。

直到2007年，大分縣一家老字號麴屋推出自家研發的鹽麴商品並開始販售。由於未申請商標，鹽麴的使用方式迅速在日本全國普及開來。這股風潮帶動人們重新關注傳統發酵食品，因其能為料理增添更自然且深層的風味，如今，鹽麴幾乎已成為日本家庭廚房中不可或缺的基本調味料之一。

我從小在東京長大，小時候沒有機會認識鹽麴，直到成年後才接觸並開始使用。試著將鹽麴運用在料理中後，驚喜地發現它所帶來的變化：只需簡單醃漬，就能讓食材風味大幅提升，不僅味道更鮮美，鹹味也顯得柔和、圓潤，讓人一吃就上癮。

酵素作用帶來更多鮮美

這樣的風味奧秘，其實來自於鹽麴中的天然酵素作用。當鹽麴用來醃漬含有澱粉或蛋白質的食材時，酵素會將澱粉或蛋白質分解為胺基酸，這些成分正是提升「鮮味」的關鍵。例如，將肉類或魚類用鹽麴醃漬時，鹽麴裡分解蛋白質的酵素會發揮作用，使肉或魚變得柔嫩，口感濕潤細緻。

可替代鹽賦予鹹味，增添鮮味

在料理使用上，鹽麴幾乎可以全面取代鹽巴。不論是醃製、拌炒、調醬或調味，鹽麴的用途非常廣泛。若想將食譜中的鹽巴替換為鹽麴，只需將「1小匙鹽巴」改為「2小匙鹽麴」。乍看之下好像用量變多了，其實鹽麴的鹽分濃度約為鹽巴的四分之一，換句話說，「1小匙鹽麴」的實際鹽分含量約等於「1/4小匙鹽巴」，不僅沒有攝取過量鹽分的問題，反而能賦予料理更多鮮味。

鹽麴的魅力，不只是減少鹽分攝取，更能帶出食材本身的鮮味與層次感，是一種既健康又實用的調味選擇，對希望飲食更自然、更少負擔的人來說，是非常值得推薦的調味料。

鹽麴的快速自製法

在日本，鹽麴已經是家家戶戶的常備調味料，近年來在台灣也越來越受歡迎。它不僅能取代鹽，提供柔和的鹹味，還具有軟化肉質、提升鮮味的效果，可說是「魔法調味料」。雖然市面上可以買到現成鹽麴，但其實自製鹽麴並沒有想像中困難，傳統作法需10～14天自然發酵，如果善用電鍋，就能將這個過程大幅縮短為一天，是最簡單也最方便的家庭作法！

♦ 鹽麴 塩麴

發酵時間：10～12小時
保存期限：冷藏6個月

材料

乾燥米麴 240 g
海鹽 80 g
水 320 ml

適合料理

鹽麴可用來醃製蔬菜、魚、肉、蛋、起司等。使用比例為食材重量的1/10；例如100克雞肉，可加10克鹽麴，既能調味，又能增鮮！無論煎、拌、炒或油炸都美味的萬能調味料。

自製鹽麴的優點

市售鹽麴雖然方便,但為了延長保存期限,多數在出貨前會經過加熱殺菌處理,這會使酵素失去活性。也就是說,這些鹽麴雖仍可作為鹽的替代品使用,但無法發揮酵素分解蛋白質、軟化肉質或提升鮮味的效果。如果希望鹽麴不只是調味,更能提升料理的整體鮮美度,那麼,自己動手做鹽麴,會是更好的選擇。

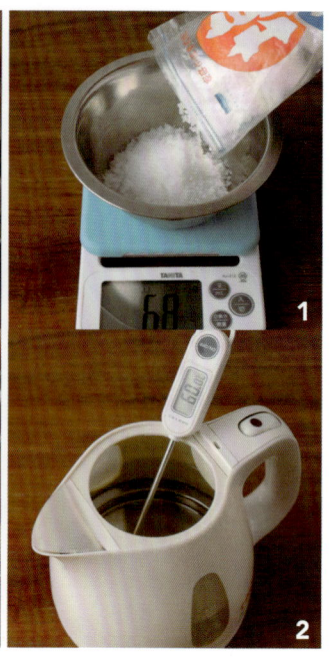

作法

1. 量出需要的材料份量，鹽：麴：水＝1：3：4。

2. 預先準備60℃的水。
   ◆ 或在熱開水中慢慢加入冷開水，以溫度計確認降溫至所需溫度。

3. 在等水降溫的同時，先將米麴和鹽放入電鍋內鍋。

4. 用手抓捏約5分鐘，讓鹽充分融入米麴到有一點點結塊感。

5. 把60℃水以慢慢繞圈的方式，倒入作法4中。

6. 每次取一點點米麴鹽，像洗手一樣慢慢搓揉，重複動作，分次將整鍋米麴鹽都搓過。
   ◆ 這個動作是為了讓鹽、米麴與水充分融合，雙手合掌似地將其揉入。

7. 直到水從原本透明色變成混濁的牛奶色。

8. 放入電鍋蓋上內外鍋蓋，外鍋不加水按下保溫鍵，讓溫度維持在60℃左右，可隨時打開來看確認溫度狀況，發酵10～12小時。等米麴米芯變軟，嚐起來帶點溫和的甜鹹味，且有稠度即可。

086

只能用電鍋做鹽麴嗎？

雖然電鍋是製作鹽麴最方便的工具之一，但並不是唯一選擇。使用電鍋的最大好處是能快速提高溫度，加速發酵過程，讓鹽麴在一天內就能完成。如果沒有電鍋，也可以採用常溫發酵的方式，只需將材料混合後放入密閉容器中（約七分滿），放置於無直射陽光照射的地方，每天打開翻攪一次即可。夏季約需10天，冬季則需約14天即可完成發酵。

發酵成功？還是酸腐失敗？

製作鹽麴時，最重要的就是掌握正確比例與發酵條件。
黃金比例為→鹽：米麴：水 = 1：3：4
如果出現刺鼻的酸臭味或腐敗氣味，很可能是鹽放太少，讓壞菌有機可乘。建議調整比例重新製作，鹽對米麴的比例不要低於30%，太少的鹽會導致發酵失敗。

此外，如果發酵時間已到，但米麴的中心還未變軟、糊化，或嚐起來也沒有溫和的甜鹹味，可能是溫度過高所致。發酵溫度切勿超過60℃，若超過會殺死麴菌，導致無法進行發酵作用。

延伸風味的鹽麴變化

鹽麴本身就已是用途多元的天然調味料，除了原味之外，其實還可以透過加入不同食材來延伸出更多風味變化，讓鹽麴的應用更百搭。例如加入檸檬可增添清新香氣，適合用於海鮮或沙拉；混合洋蔥可提升甘甜與深度；添加醬油則在鹹味外多了一點醬香氣；蔥薑蒜讓鹽麴多了辛香層次，極適合用於中華風炒菜。這些風味鹽麴，不但能帶出不同食材的美味，也讓日常料理更容易做出變化。

鹽麴　　檸檬麴　　蔥蒜鹽麴　　洋蔥麴　　醬油麴

鹽麴 Q&A

Q 鹽麴可以保存多久？該怎麼存放？

鹽麴需要放冰箱冷藏保存。麴菌是活的生物，如果放置在常溫下，會迅速發酵並可能引起腐敗。在冷藏狀態下，發酵會持續，但速度非常緩慢。隨著時間推移，鹽麴的顏色可能會變得更深，這是正常現象，表示麴仍在活動。只要沒有異味或明顯酸敗的味道，就可以安心使用。建議在製作後約六個月內用完。

Q 用鹽麴醃肉需要醃多久？

建議至少醃漬 30 分鐘以上。如果醃製數小時至兩天，會更加入味。醃好的肉類或魚類可以直接冷凍保存。使用前移至冷藏退冰，再進行煎、烤或炸等烹調。

Q 醃好的食材，烹調前需要洗掉鹽麴嗎？

煎烤時，如果食材表面附著太多鹽麴，容易焦黑，建議烹調前用手輕撥，或用廚房紙巾輕輕擦拭掉即可，不需要沖洗。若是炸或蒸煮料理，醃漬後可以直接使用。

Q 醃完肉之後烹調，但成品吃起來有明顯的發酵味該怎麼辦？

鹽麴中的酵母菌在發酵過程中分解糖分，會產生酒精和二氧化碳，因此有時會帶有一股明顯的酒精味。烹調時可透過充分加熱或延長加熱時間，確實地將酒精揮發掉。

黃金比例・風味鹽麴

不同的食材組合，能做出更多常備好用的風味鹽麴。

❖ 洋蔥麴　玉ねぎ麴

洋蔥、米麴和鹽混合後發酵而成的洋蔥麴，具有類似蔬菜高湯粉帶來的濃郁風味，料理時可直接替代，風味更自然。

適合料理

非常適合加入已含有洋蔥的料理，如蛋包飯、咖哩、濃湯等，味道會更加醇厚！

材料

洋蔥	200 g
米麴	70 g
海鹽	25 g

作法

1. 洋蔥放入食物處理器，打成細細的糊狀；或使用攪拌機或磨泥器磨成泥狀。

2. 準備一個乾淨容器，鹽和米麴混合放入，加入洋蔥泥並攪拌均勻。

3. 保持容器蓋輕輕打開，讓空氣略微排出，在室溫下放置4天到1週。每天用乾淨的湯匙或筷子攪拌、上下翻一次。

4. 顏色會漸漸變成洋蔥的柔和粉紅色或米色。當米麴變得柔軟，並且散發洋蔥的甜香味時，代表已經完成。

5. 完成後冷藏保存，建議三個月內用完。

醬油麴

由醬油與米麴混合發酵而成。結合了醬油的醬香與米麴的甘甜，應用性十分廣泛。

適合料理

最簡單的吃法，可在豆腐或黃瓜上直接加一點醬油麴，就十分美味。

材料

米麴 100g
醬油 200ml（100ml + 100ml）

作法

1. 準備一個乾淨容器，倒入米麴與醬油100ml，攪拌均勻。輕輕蓋上蓋子，放置於常溫。
2. 若第二天發現醬油已經完全吸收了，再加100ml醬油（確保米麴完全浸泡在醬油中）。
3. 每天攪拌一次，經過4天到1週熟成後即可完成！
4. 完成後冷藏保存，建議六個月內用完。

檸檬鹽麴　レモン塩麴

檸檬風味鹽麴擁有清爽果香與濃郁鮮味，建議使用黃檸檬製作，果皮比較柔軟。最理想是用無農藥栽培的檸檬，若使用一般檸檬，請務必清洗乾淨，擦乾後再使用，以保風味與安心。

適合料理

義大利麵、沙拉醬、醃肉或魚類料理等

材料

檸檬	1顆（約100g）
米麴	100g
海鹽	20g
水	120ml

作法

1. 檸檬要徹底清洗，擦乾水分後切掉蒂頭、去籽，連皮切成細末。
2. 將所有材料放入保存容器中，充分攪拌均勻，輕輕蓋上蓋子。
3. 每天攪拌一次，經過4天到1週熟成後即可完成！
4. 完成後冷藏保存，建議一個月內用完。

蔥蒜鹽麴　中華麴

這款麴發酵調味料已含鹽分與蔥、薑、蒜等基本辛香料，非常適合中華料理，一瓶在手即可調出鮮美風味。

適合料理
可以替代中菜裡常用的雞湯粉！炒菜、煮湯、調製肉餡都可使用。

材料
米麴	50 g
海鹽	35 g
蔥白	50 g
蒜頭	50 g
老薑	50 g
水	100 ml

作法

1 米麴放入碗中，加鹽混合均勻。

2 蔥白、去皮的蒜頭、老薑和水放入食物處理器中打成糊狀，或以磨泥器磨成泥。

3 將作法 1 和 2 材料混合均勻，放入保存容器，輕輕蓋上蓋子。每天攪拌一次，經過 4 天到 1 週熟成後即可完成！

4 完成後冷藏保存，建議一個月內用完。

洋蔥麴

洋蔥麴蔬菜培根湯
玉ねぎ麴のミネストローネスープ

利用洋蔥麴的鮮味，無需使用高湯粉也能煮出美味的義式番茄蔬菜湯。

食材

洋蔥	½ 顆
紅蘿蔔	½ 根
茄子	1 條
櫛瓜	½ 根
高麗菜	150g
鴻禧菇	½ 包
培根	4 片
小番茄	200g
橄欖油	1 大匙

調味料

水	700ml
洋蔥麴	3 大匙
鹽麴	1 大匙

佐料

巴西里葉（乾）適量

作法

1. 洋蔥、紅蘿蔔、茄子、櫛瓜、鴻禧菇分成小朵；培根切1公分寬的條狀。
2. 鍋中小火加熱橄欖油，放入蔬菜和培根翻炒。
3. 加入小番茄、水、洋蔥麴、鹽麴，煮滾後轉小火燉15分鐘。盛入碗中撒上巴西里即可。

鹽麴

洋蔥麴

日式漢堡排　玉ねぎ麴ハンバーグ

只要加入洋蔥麴攪拌，漢堡排就會變得鬆軟美味哦！

食材

豬絞肉	250g
牛絞肉	250g
麵包粉	½杯
牛奶	3大匙
雞蛋	½顆
沙拉油	1½大匙

調味料

洋蔥麴	4½大匙
胡椒粉	少許

配菜

綜合生菜、小番茄　適量

作法

1. 將鮮奶與生麵包粉拌勻，備用。
2. 絞肉、洋蔥麴、胡椒粉混合，揉至黏性出來，再加入作法1與蛋液揉勻。
3. 肉餡分成四份，塑形成漢堡排狀，中央稍微壓凹。
4. 平底鍋熱油，漢堡排煎2分鐘，翻面轉小火再煎2分鐘至兩面金黃色，倒入少許水（約2大匙），加蓋燜煮2分鐘至熟。
5. 盛盤，搭配生菜與小番茄享用。

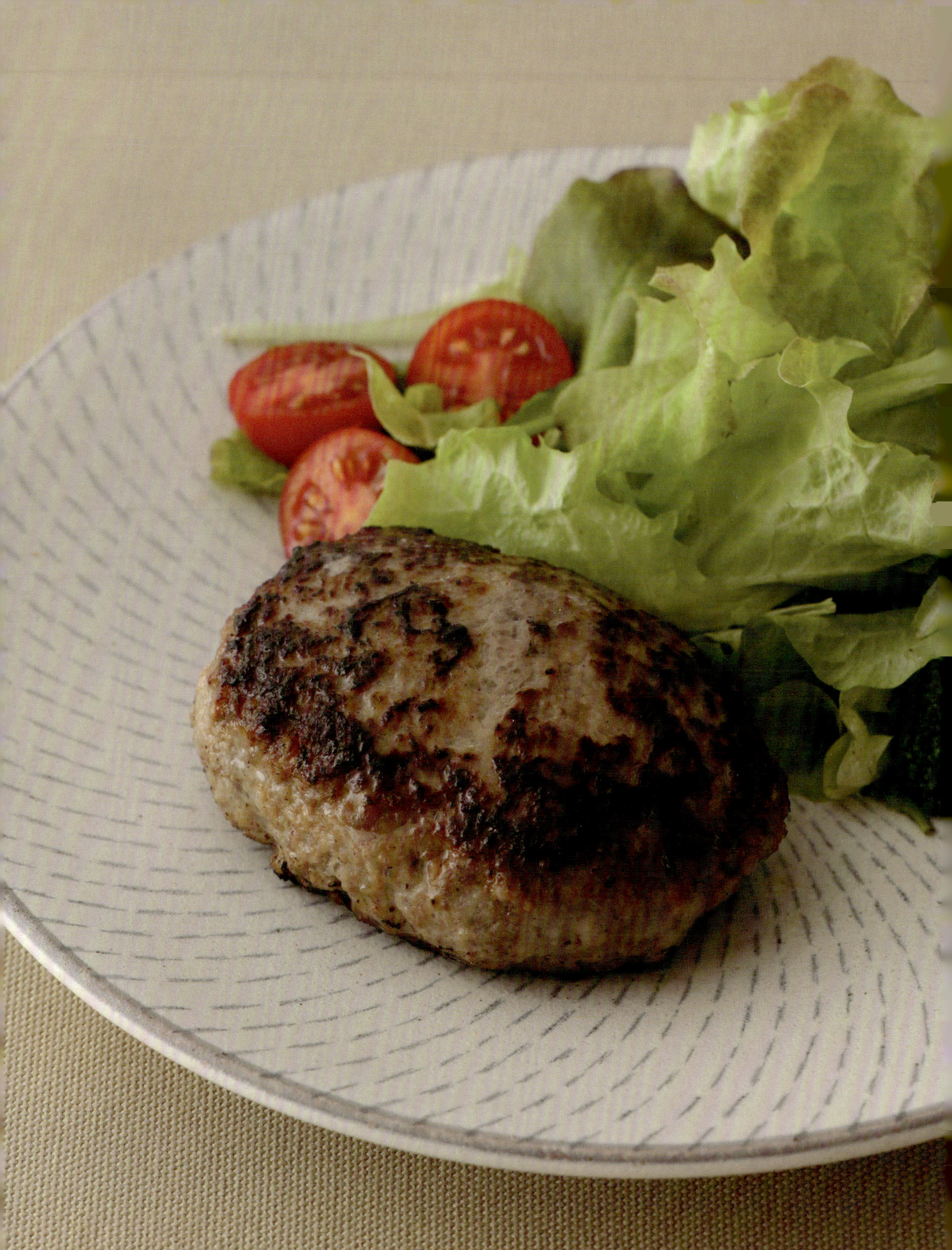

醬油麴

炙烤油豆腐佐醬油麴
厚揚げの醬油麴かけハンバーグ

這是一道快速易做的小菜，也非常適合當成下酒菜。

食材
油豆腐（厚揚豆腐） 1張
披薩起司絲 3～4大匙

調味料
醬油麴 1大匙
粗磨黑胡椒 適量

作法

1. 將厚揚豆腐切成適口大小，塗上醬油麴，再鋪上起司。
2. 豆腐放鋁箔紙上，進烤箱烤至表面金黃酥脆（設定200度，烤約5分鐘）。
3. 起司融化後取出，撒上粗磨黑胡椒即可。

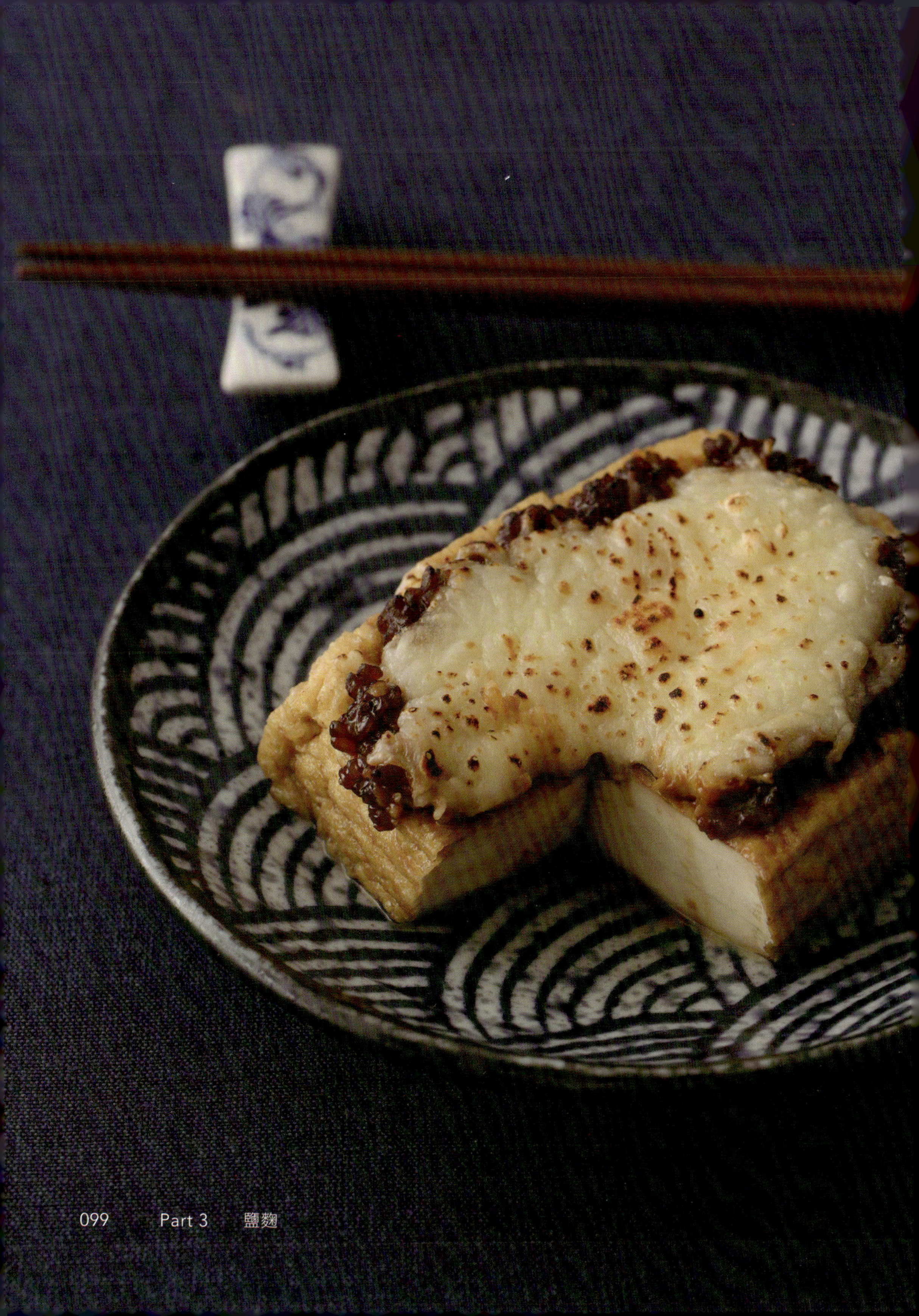

檸檬鹽麴蛤蜊義大利麵

レモン塩こうじのボンゴレスパゲッティ

蛤蜊的鮮味搭配檸檬的清香，帶來清爽可口的義大利麵。檸檬鹽麴等最後再加入，和煮好的義大利麵一起拌炒，這樣才能保留更多檸檬香氣。

食材

蛤蜊	300g
義大利麵	200g
大蒜	1瓣
辣椒	1根
橄欖油	1½大匙

調味料

檸檬鹽麴　3大匙

佐料

巴西里葉（乾）　適量

作法

1. 蛤蜊吐沙並洗淨；大蒜切末。
2. 依包裝上寫的建議時間，煮義大利麵（建議1.5公升水加15g的鹽煮麵）。
3. 平底鍋熱橄欖油，炒香大蒜與辣椒，加入蛤蜊與3大匙煮麵水，大火加蓋蒸煮至蚌殼開。
4. 放入煮好的義大利麵與檸檬鹽麴調味，翻炒收汁。盛盤撒巴西里葉即可。

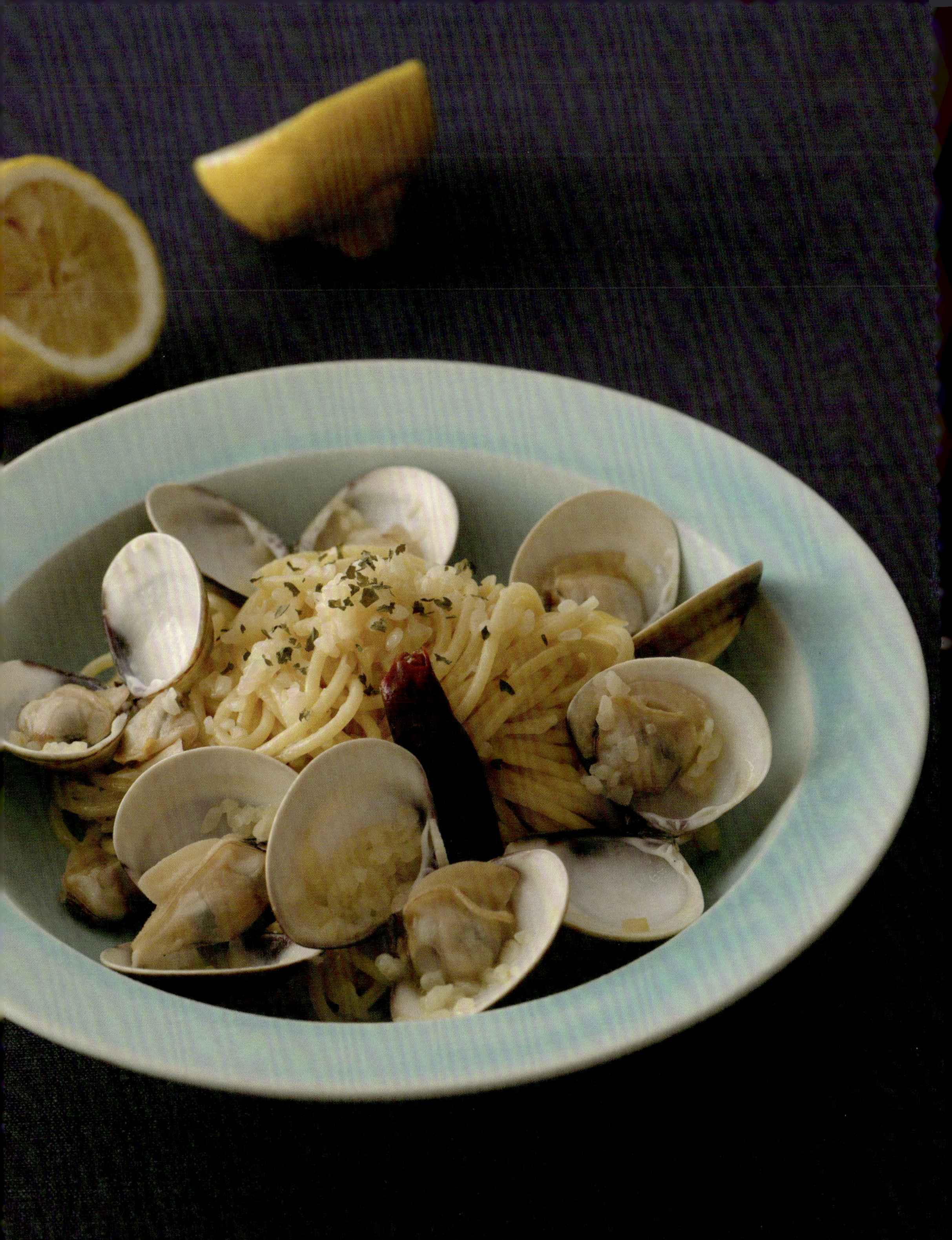

蔥蒜鹽麴

炒花枝蝦

いかとアスパラの中華こうじ炒め

直接使用蔥蒜鹽麴調味，炒菜的調味也能輕鬆完成。

食材

- 透抽　2隻
- 鹽麴　1大匙
- 甜豆　10根
- 紅、黃甜椒　各1/4顆
- 沙拉油　3大匙
- 香油　1/2大匙

調味料

- 蔥蒜鹽麴　2大匙

作法

1. 透抽去足、內臟，洗淨切環狀，加1大匙鹽麴先醃漬透抽10分鐘。
2. 甜椒切條狀。鍋中燒水加1大匙油，放入甜豆、甜椒汆燙後，取出備用。
3. 熱鍋加2大匙油，炒透抽，加入甜豆、甜椒，再加蔥蒜鹽麴繼續翻炒。
4. 最後淋上香油，即可完成。

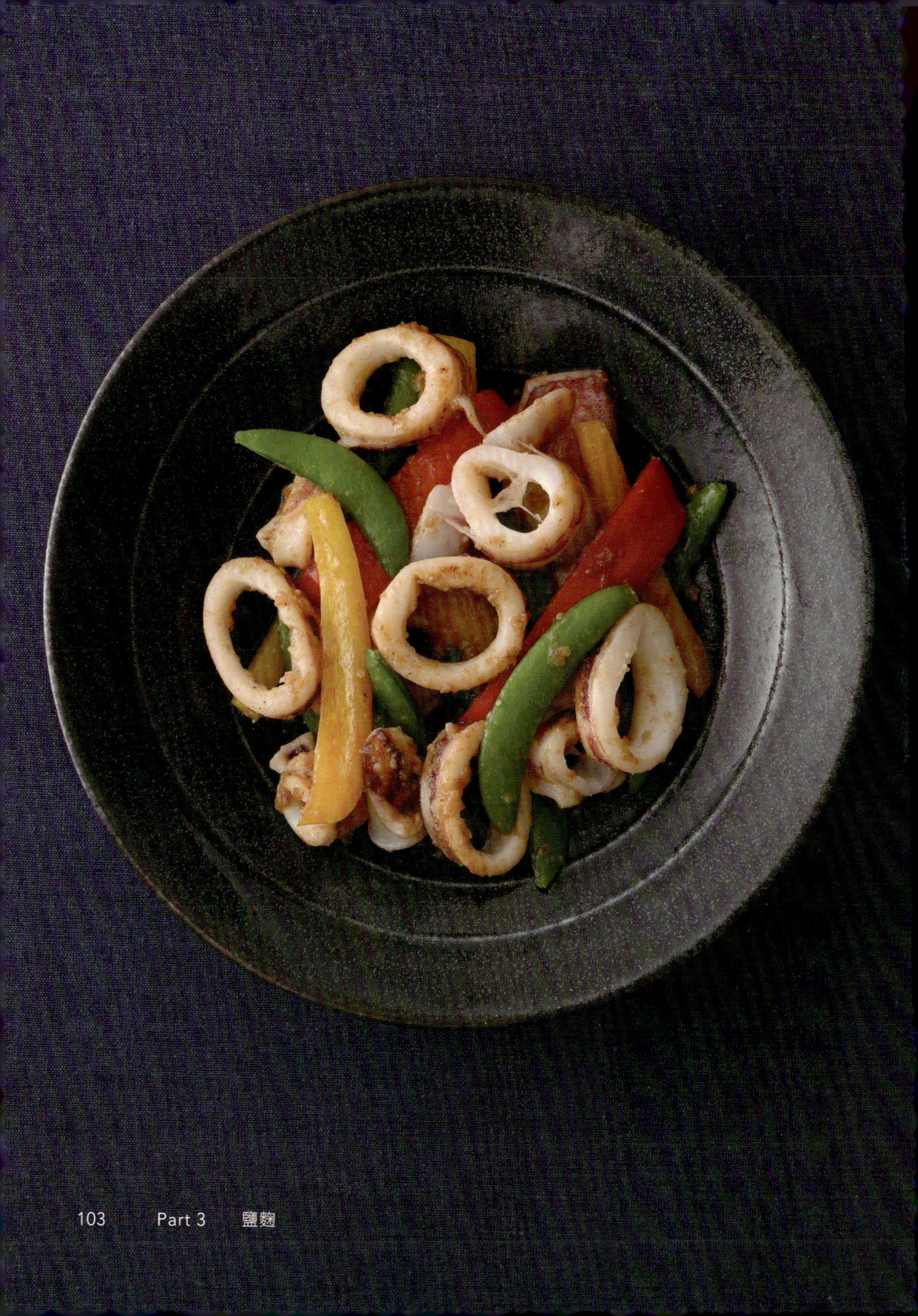

蔥蒜鹽麴番茄蛋花湯

中華麴入りトマトと卵のスープ

番茄中含有旨味成分谷氨酸，再加入充滿辛香風味的蔥蒜鹽麴，更提升湯品的鮮美。

食材

番茄	2個
香菇	2朵
雞蛋	2顆
沙拉油	1/2大匙
芝麻油	1/2大匙

調味料

蔥蒜鹽麴	1大匙
水	600ml
薄口醬油	1小匙
鹽	少許（依口味調整）

佐料

太白粉	1大匙
水	1大匙
粗磨黑胡椒	適量
蔥花	適量

作法

1. 番茄切塊，香菇去蒂頭切片，雞蛋打勻。
2. 在鍋中加入沙拉油和芝麻油，熱鍋後放入番茄拌炒。
3. 接著加入蔥蒜鹽麴，一邊壓碎番茄，一邊炒約2分鐘。
4. 加入水600ml和香菇，煮沸後加醬油，再煮3~4分鐘，倒入太白粉水勾芡。
5. 最後迅速倒入蛋液，撒上蔥花與粗磨黑胡椒即完成。

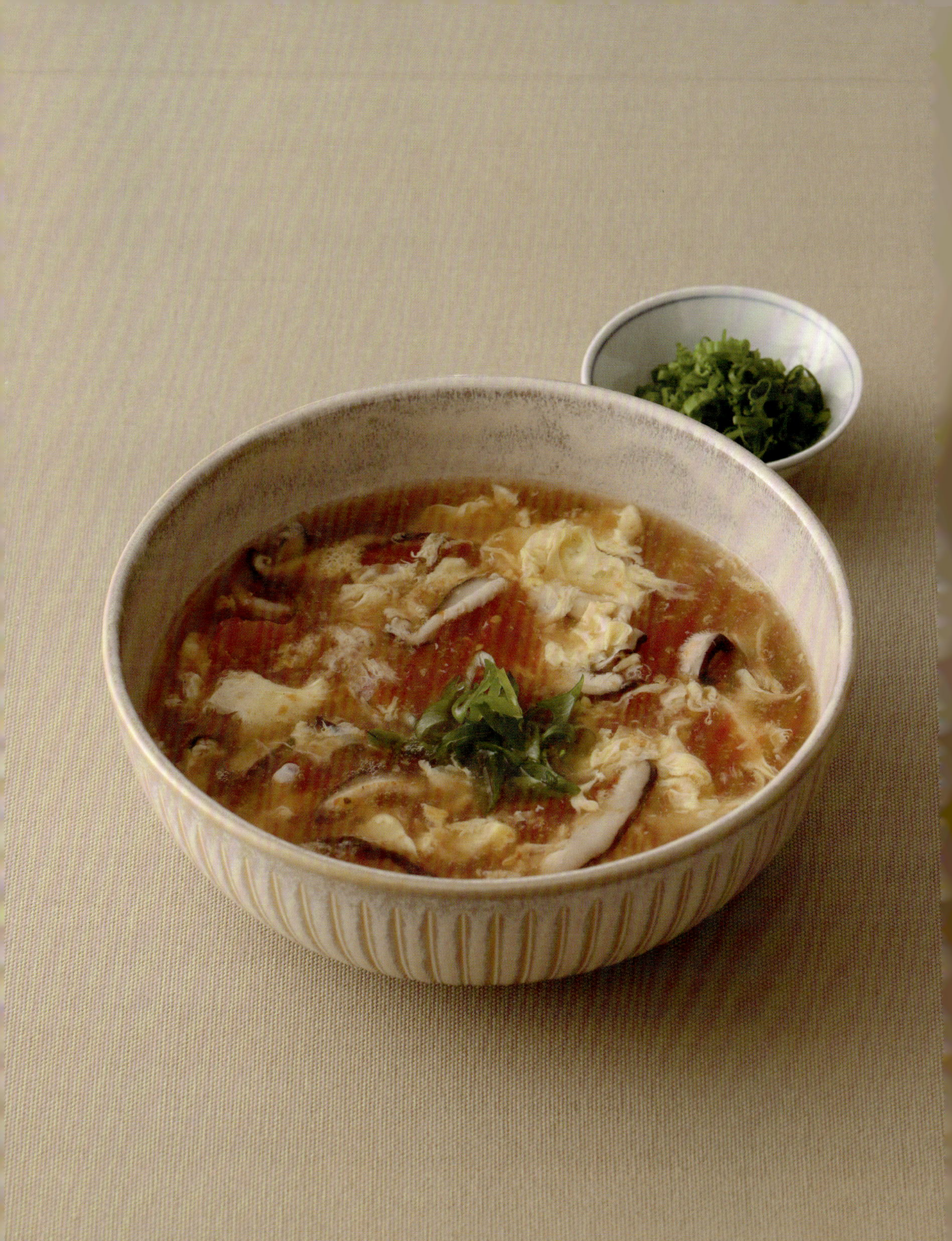

Part 4

醋

す
Su

據說「醋」是人類最早製作的調味料之一，世界各地都可見其蹤影。而日本飲食文化中，醋與味噌、醬油一樣，並列為不可或缺的發酵調味料，不僅是壽司靈魂般的存在，也廣泛用於涼拌、醃漬、煮物等料理當中。

醋的源起

葡萄醋

世界各地皆存在的醋

醋被認為是人類最早製作出的調味料之一。遠古時代，人們發現水果自然發酵後會產生酒精（最原始的酒類）；而這些酒放置一段時間後，又會進一步產生酸味，這個自然轉化的過程正說明了「醋源自酒」，也讓人類開始認識到醋的出現與用途。世界各地依不同的飲食文化，發展出各式各樣的酒，同樣也孕育出風味多元的醋，兩者的釀造都與各地的飲食文化緊密相連。

英語中的「Vinegar」源自法語「Vinaigre」，字面意思即為「酸（aigre）的酒（Vin）」；而在漢字中，醋與酒皆以「酉」為部首，從文字也可看出兩者的關聯性與共通起源。

108

地圖標示：
- 麥芽醋
- 酒精醋（葡萄酒）
- 椰棗醋
- 雜穀醋
- 米醋
- 鳳梨醋
- 蘋果醋

資料來源：丘比釀造

醋在日本的歷史演變

日本開始製作醋約在西元4至5世紀左右。當時，中國的釀酒技術傳入日本，釀造醋的技術也隨之傳入。據記載，最早開始生產醋的地區是和泉國（即現在的大阪府南部），並且一直到江戶時代，和泉國仍是日本主要的醋產地之一。與世界各地的醋一樣，日本的醋也是由酒製成的。由於日本主要的酒類多以米釀造，因此日本的醋也是以米為原料釀成。

奈良時代

在奈良時代的古文書中，曾出現與「醋」相關的詞彙，而在《萬葉集》中也有提及「酢」的和歌，這顯示醋在當時已進入貴族的飲食文化中。

與現代不同，當時的調味文化尚未發展成熟。在貴族的宴席上，並沒有經過調味烹煮料理的概念，賓客面前擺放著一組稱為「四種器」的小碟，分別盛有醋、鹽、醬、酒，讓賓客自行沾著吃。而一般人的席前則僅擺上鹽與醋，這兩者也是當時日本料理中唯一的調味料，反映出古代日本人單純的味覺文化。

室町時代

這個時期開始將醋運用於料理中調味，出現了類似現代「醋漬菜（なます）」的作法，例如將生魚切成細條並以醋調味。此外，室町時代的烹飪書《四條流包丁書》中，也有根據不同魚類特性搭配「調和醋」的記載，可見當時人們已經懂得運用醋來提升風味。

江戶時代

隨著醬油製法在江戶時代的確立，醬油逐漸取代醋成為主要的調味料。此時，因平民飲食文化的興起，味噌、醬油與醋的使用更加普及，醋在料理中的應用也更為廣泛。在這一時期，結合醋飯與生魚片捏製成的「握壽司」正式誕生。在此之前，日本主要使用源自江戶地區、以酒粕釀造的「粕醋」，又稱「赤醋」。這種風味，成為「江戶前壽司」的重要特色，並延續至現今的壽司文化中。

醋的製造方法

靜置發酵法

醋的靜置發酵法是傳統古法釀造。首先製作米酒（清酒）後將原料放入發酵槽中，不進行機械攪拌，而是依靠自然對流進行發酵。從發酵開始到完成至少需要約兩個月，經過長時間發酵，醋的風味更加醇厚深邃，且不會產生刺激性的酸味，能夠釀造出芳醇順口的醋。

傳統的「靜置發酵法」透過發酵槽表面的醋酸菌，慢慢將酒精轉化為醋酸。這一過程需要80至120天，發酵過程緩慢且自然。

發酵完成後，醋會被移至熟成倉，經過長時間熟成，使風味更加醇厚。在熟成過程中，醋並非僅僅靜置不動，而是會多次進行槽與槽之間的轉移。透過至少5次以上的轉移，讓醋接觸空氣，使其風味更加圓潤細膩。這與葡萄酒「換瓶醒酒（Decantation）」的原理相同，但在發酵槽的大規模單位進行操作，需投入大量時間與精力。

醋的分類

速釀法・全面發酵法

速釀法是透過現代技術實現的製造方法，利用大型製作槽進行生產，可大量製造醋品。將原料放入發酵槽內，透過機械攪拌並人工注入空氣，加速發酵過程。此方法能在短短數小時至一天內完成醋的製造，因此適合大量生產。特點是風味清爽、口感較淡雅。

除了前文介紹過的兩種主要製醋方法──傳統的靜置發酵法與現代的通氣發酵法之外，日本農林水產省所制定的《日本農林規格》（JAS法），對於食用醋也有明確規範。此外，醋也可根據其「外

日本的醋產地
在日本國內，有許多擁有百年以上歷史的醋釀造廠。以下為幾家代表性的製造商。

● **福山醋釀造株式會社（桷志田）【鹿兒島縣】**
創立於 1827 年（文政 10 年）。鹿兒島是黑醋的著名產地，該公司傳承傳統釀造技術。

● **富士醋（飯尾釀造）【京都府】**
創立於 1893 年（明治 26 年）。以使用無農藥栽培的米製成的「富士醋」而聞名。

● **尾道造醋【廣島縣】**
創立於 1582 年（天正 10 年）。是日本現存歷史最悠久的醋釀造所。

● **Mizkan Group（ミツカングループ）【愛知縣】**
創立於 1804 年（文化元年）。自江戶時代以來，一直是日本代表性的醋製造商之一。

JAS規格對食醋的分類

觀」與「原料」進行分類。以下將分別介紹JAS規格中對醋的分類方式，以及根據外觀所作的分類基準。

根據JAS法的規範，食醋可分為「釀造醋」與「合成醋」兩大類。其中，「釀造醋」是以天然原料（如米、大麥、小麥、果汁等）發酵釀製而成，對原料使用量有明確規範，並依據原料種類進一步細分為三類：「穀物醋」「果實醋」「釀造醋」。

另一類則是「合成醋」，主要以冰醋酸或醋酸加水稀釋後，添加糖類與調味料等製成。由於生產量極少，在家庭用途中幾乎不被使用。

分類			主原料的使用量	酸度
釀造醋	穀物醋	穀物醋	每1公升醋中，穀類須使用40公克以上	4.2%以上
		米醋	每1公升醋中，米須使用40公克以上	
	果實醋	果醋	每1公升醋中，果汁須使用300公克以上	4.5%以上
		蘋果醋	每1公升醋中，蘋果果汁須使用300公克以上	
		葡萄醋	每1公升醋中，葡萄果汁須使用300公克以上	
	釀造醋	釀造醋	使用穀物醋與果實醋以外的其他釀造醋	4.0%以上
合成醋	合成醋		釀造醋的使用比例需達60%以上（業務用為40%以上）	4.0%以上

參考來源：《日本農林規格》（JAS法）

依外觀與原料的不同

❖ 粕醋（赤醋）

赤醋是利用製造日本酒時的副產物——酒粕所製成。酒粕會在貯藏槽中靜置熟成2至3年，以醞釀出豐富的鮮味成分。由於酒粕本身約含有8%的酒精，因此可透過醋酸發酵來製成醋。傳統製法的赤醋顏色接近濃醬油，並具有與米醋截然不同的芳香。酸味較為溫和，風味濃厚且富有層次。醋色帶紅，因此稱為「赤醋」。在江戶前壽司的醋飯中，若飯色帶紅，通常便是使用了赤醋。赤醋更適合作為調味的隱藏風味。

❖ 黑醋

黑醋是以糙米（玄米）為原料釀造的米醋，與一般米醋相比，色澤更深、風味更濃郁。其中鹿兒島縣福山町一帶生產的黑醋很有名，被稱為「鹿兒島的壺釀黑醋」。其發酵過程在戶外進行，透過壺釀發酵法釀造，需時半年至一年，色澤呈深褐至黑褐色，具有濃郁鮮味與獨特香氣，由於酸味柔和、刺激性較低，近年來也常被作為飲用醋。

✦ 米醋

米醋是以白米為主要原料製成的日本代表性釀造醋。其特色是保留了米飯的甜味與旨味（鮮味），酸味溫和柔順，不僅可廣泛作為和食的調味料，也能運用到西式料理中。

✦ 穀物醋

穀物醋是以米、小麥、玉米等穀物為原料釀造而成的醋。是日本最常見的醋類，具有清爽的酸味。無論是日式、洋式或中式料理，都可廣泛用於燉煮、炒菜、涼拌、沙拉醬等各式料理中。

什麼是調味醋？

食醋中，如果添加了醬油、糖、鹽等調味料，即屬於調味醋的一種。在食品標示基準中，這類醋被歸類為「加工醋」。標籤上標示為「調味醋」或「壽司醋」的產品，都屬於調味醋。此外，「可飲用的水果醋」也是在醋中加入果汁，使其更適口的加工醋，因此同樣屬於「調味醋」。

醋的價格差異

同樣是米醋，價格差很多？

影響食醋價格最關鍵的因素，在於其原料是否僅使用米，還是添加了酒精或其他添加物。

- **純米醋**——僅以米為原料，採用傳統的靜置發酵法釀造，不添加酒精，過程類似釀酒。由於這種製法需要大量的米，因此生產成本高，但成品風味濃厚，含有豐富的有機酸與天然香氣。

- **添加酒精的醋**——採用通氣發酵法，可大規模生產，因此成本較低。然而這類醋的風味相對單薄，且含有較強烈的刺鼻酸味。

價格背後的規範標準

根據 JAS（日本農林規格）的定義，每公升米醋中，至少需含有 40 公克米的成分。若純以米發酵，要製造出 1 公升的醋，實際上約需 120 公克的米。這當中的「80 公克差距」，正是許多製醋廠透過加入工業酒精來彌補的部分，添加酒精可省略「由米製造酒」的步驟，因此可減少米的用量、降低成本、大量生產。

根據 JAS 標準，標示為「米醋」的產品，每公升必須使用至少 40 公克的白米。不過，光靠這個米的量其實無法釀出醋，所以一般在超市販售的平價米醋，通常會加入「釀造用酒精」（也稱「酒精」或「酒精成分」）來幫助發酵。「釀造用酒精」其實就是乙醇，主要是用玉米或甘蔗製糖後的副產品——糖蜜所製成。相對的，用傳統方式釀造的米醋，有些會在每公升醋裡使用超過 200 公克的米，是法律規定最低標準（40 公克）的 5 倍。米的用量越多，米的香氣和甜味就越明顯，釀出來的醋不只有酸味，還有更濃厚、更有層次的風味。

一般米醋	純米醋	傳統製法
40g米／1L	120g米／1L	200g米／1L

醋的作用

保存食物
延長保存期限

泡菜、醃漬蔬菜、壽司等,透過醋的作用可以有效延長保存期限。

調味作用
增添酸味與香氣

醋作為調味料,能賦予料理各種酸香味,更加爽口,增添食材層次。

健康維持
**增進食慾、消除疲勞、
促進鈣質吸收、幫助減少鹽分攝取**

- 醋能促進食慾，因此在日式料理中，常在餐前提供水果醋，或前菜中加入醋類料理。
- 除此之外，醋還有助於消除疲勞、促進鈣質吸收、幫助減少鹽分攝取等效果。

烹調特性
去腥、保持色澤、軟化食材

- 牛蒡、蓮藕等根莖類食材切開後會氧化變黑，但若浸泡在加了少量醋的水中，即可去除苦澀，保持色澤。
- 茗荷、紫甘藍泡入醋中，則會呈現鮮豔的紅色。
- 醋還具有軟化食材的作用，例如在燉煮雞翅時加入醋，可使肉質更加軟嫩。

左圖是切好後直接放置的牛蒡，右圖是浸泡在醋水10分鐘後撈出的牛蒡。像牛蒡和蓮藕這類澀味較重的蔬菜，浸泡在醋水中可以去除澀味、防止變色，讓料理更美味、賣相也更佳。

在紫高麗菜沙拉上淋少量醋，不僅能增添清爽酸味，還能讓顏色更加鮮明（如右圖）。這是因為紫高麗菜中的花青素在酸性環境下會呈現更亮麗的顏色。

各種醋的料理應用

蘋果醋
以成熟且糖分豐富的蘋果釀製而成的果醋，擁有清新的蘋果香氣，風味高雅。富含天然蘋果酸，酸味清爽，十分適口。常用於調製飲品、沙拉醬或蛋黃醬（美乃滋）等，能為料理增添自然果香。

粕醋（赤醋）
以傳統製法製成的赤醋，顏色呈濃厚的醬油色，香氣與一般米醋完全不同。酸味較溫和，風味濃厚，帶有深層的旨味。主要用於壽司，混合赤醋製成的醋飯「赤シャリ」，是江戶前壽司的傳統風格之一。

粕醋

米醋
米醋是以白米發酵製成的醋。帶有米的自然甜味與鮮味，酸味溫和圓潤，無論和風，中式，或西式料理都能提升風味。

穀物醋

穀物醋具有清爽的酸味，風味比米醋更為清新，雖然醇厚度略低，但用途幾乎相同。無論是壽司飯、醋拌菜、涼拌料理，或是作為料理的前置處理都很適合。

梨醋

以梨為原料發酵、熟成製成的醋。具有梨的自然甜味與清爽酸味的平衡風味，特別適合用於和風料理。

黑醋

黑醋是以糙米為原料的醋。特徵是深琥珀色、芬芳濃郁卻不刺激鼻子，味道圓潤且富有層次。除了可用於拌物、燉煮、醋拌菜等料理，也很適合做成飲品。

調味醋

穀物醋

梨醋

純米醋

黑醋

黃金比例・調味醋

醋是日本家庭料理必備的調味料，掌握多種比例用法，方便又百搭。

❖ 三杯醋

三杯醋是指將醋、醬油和味醂以相同比例混合做成的調味醋。因為這三種調味料各取一杯，總共合計三杯，因此被稱為「三杯醋」。

醋：味醂：薄口醬油
1：1：1

適合料理

適合用來製作醋拌風味小菜，例如小黃瓜、番茄等清爽蔬菜，或是海帶芽、各式海藻、章魚、花枝、竹莢魚等海鮮食材，清爽開胃又能突顯食材鮮味。

材料

醋 30 ml
味醂 30 ml
薄口醬油 30 ml

作法

鍋中放入所有材料，煮沸後關火。放涼後即完成。

122

❖ 甘醋

以醋、糖和鹽調配而成的一種混合調味料。整體比三杯醋更偏甜。

適合料理
適合用來製作甜醋醃菜、糖醋排骨等帶有酸甜味的料理。

材料
醋 90 ml
糖 60 g
鹽 1/4 小匙

作法
將材料放入小碗中攪拌均勻。

醋：糖：鹽
3：2：少許

❖ 土佐醋

土佐醋是三杯醋中加入柴魚高湯調製而成的醋醬。相較於三杯醋，酸味較為溫和，並帶有高湯的鮮味。

適合料理
清淡的海鮮類涼拌料理。

材料
醋 30 ml
味醂 30 ml
薄口醬油 30 ml
水 60 cc
柴魚片 4 g

作法
將醋、味醂、薄口醬油與柴魚一起煮沸，過濾後放涼。

醋：味醂：薄口醬油：水
1：1：1：2

◆ 美乃滋

使用新鮮雞蛋製作的自製美乃滋風味絕佳！只需幾樣簡單純粹的食材，就能輕鬆完成。

適合料理

雞蛋沙拉三明治、酥炸魚排佐塔塔醬、南瓜沙拉等

材料

冷藏雞蛋　1顆
醋　1大匙
鹽　2/3小匙
胡椒　適量
沙拉油　180～200ml

作法

將雞蛋打入有深度的容器或碗中，加入醋、鹽和胡椒，用手持式攪拌棒快速攪拌2～3秒。一邊攪拌的同時，一邊慢慢倒入油。直到美乃滋完全乳化、質地濃稠並停止流動時即完成。

南蠻醋

將油炸或煎過的食材浸泡在調味醋中製成的料理稱為「南蠻漬」,而這種特別的調味醋則被稱為「南蠻醋」。

醋:醬油:高湯
2:1:4

適合料理
宮崎南蠻雞、南蠻漬等

材料
醋 60 ml
醬油 30 ml
高湯 120 ml
糖 2 大匙

作法
鍋中加入所有材料,以中火加熱,煮沸後關火。

醋醃紅白蘿蔔　紅白なます

調味

白蘿蔔與紅蘿蔔的醋拌涼菜。甘醋溫和的酸味，酸香爽口，能適度刺激食慾，特別適合與油脂較多的料理搭配食用，有助於平衡風味，解膩開胃。

食材

白蘿蔔　320 g
紅蘿蔔　40 g
鹽（前置處理用）　2/3 小匙

調味料

甘醋　100 ml
昆布高湯　90 ml

作法

1 白蘿蔔與紅蘿蔔的份量比例為 8：1，去皮切細絲，紅蘿蔔稍細（為了口感一致，胡蘿蔔要比蘿蔔切得稍細一些）。

2 加鹽拌勻，靜置10分鐘後擠乾水分。

3 將蘿蔔絲放進密封容器，倒入甘醋與昆布高湯拌勻，冷藏1小時以上即可。

127　Part 4　醋

雞翅雞蛋煮物

鶏手羽元と玉子のさっぱり煮

去腥

料理時適量加入醋,不僅能有效去除雞肉的腥味,還能軟化肉質,讓雞肉更加鮮嫩可口。

食材

雞翅小腿	10支
水煮蛋	4～5顆
青江菜	100g
老薑	10g
大蒜	1瓣

調味料

沙拉油	2小匙
醋	50ml
親子蓋飯醬（P155）	160ml
蠔油	1/2大匙

作法

1. 雞蛋冷水下鍋,水滾後煮7分鐘,撈出泡冷水再剝殼。
2. 薑切片,大蒜拍碎備用。
3. 鍋中熱2小匙油,炒香薑片、大蒜,放入雞翅小腿,煎至金黃色約4分鐘。
4. 加入調味料,中火煮滾後撈去浮沫,蓋鍋燉煮8分鐘。放入水煮蛋再燉2分鐘。
5. 盛盤,搭配燙青江菜,即完成。

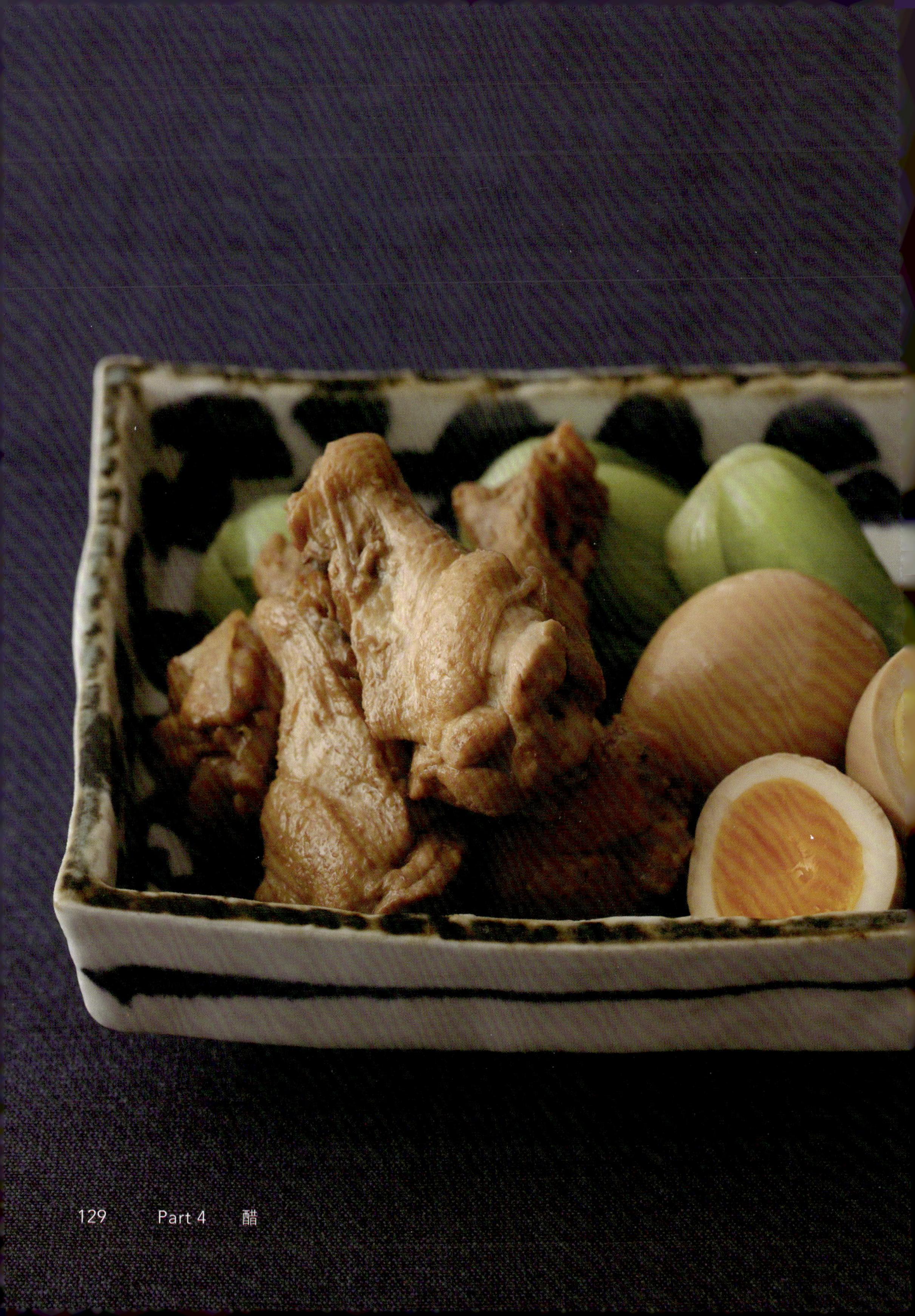

去苦澀、保持色澤

金平牛蒡　きんぴらごぼう

將切好的牛蒡浸泡在醋水中，不僅能去除澀味，還能防止氧化變色，保持潔白的色澤。

食材

牛蒡　1根
紅蘿蔔　1/3根
芝麻油　1/2大匙
沙拉油　1/2大匙

調味料

照燒醬（P152）　100ml
白芝麻　適量

作法

1 牛蒡用刀背刮去外皮後切細絲，在碗中倒入足夠的水，加入約1小匙醋，浸泡2分鐘，再沖洗瀝水。

2 紅蘿蔔去皮、切細絲，並比牛蒡稍微切得更細一些。

3 鍋中熱芝麻油與沙拉油，放入瀝乾的牛蒡與紅蘿蔔絲，中大火翻炒。

4 食材均勻裹油後，加入照燒醬炒至醬汁收乾，撒上白芝麻，即可享用。

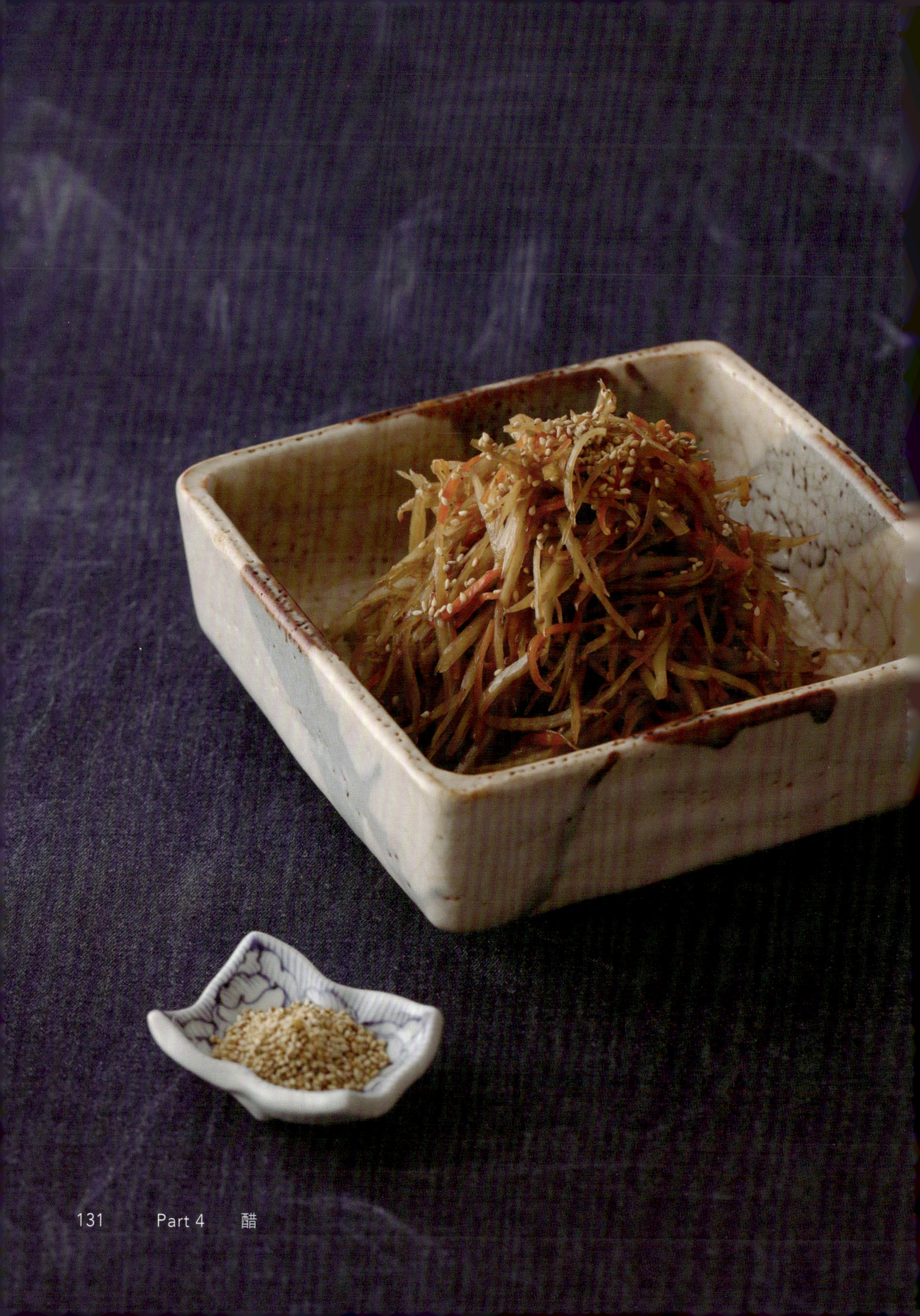

保持色澤

涼拌紫高麗菜　紫キャベツのコールスロー

紫甘藍加入甜醋攪拌後，因為醋的酸性作用，原本偏暗的色澤會變得更加鮮艷。

食材
紫甘藍　400g

調味料
甘醋　80ml
橄欖油　2大匙

作法
1 將紫甘藍切成細絲。
2 倒入甘醋用手搓揉，充分攪拌均勻。
3 加入橄欖油，再次拌勻即完成。

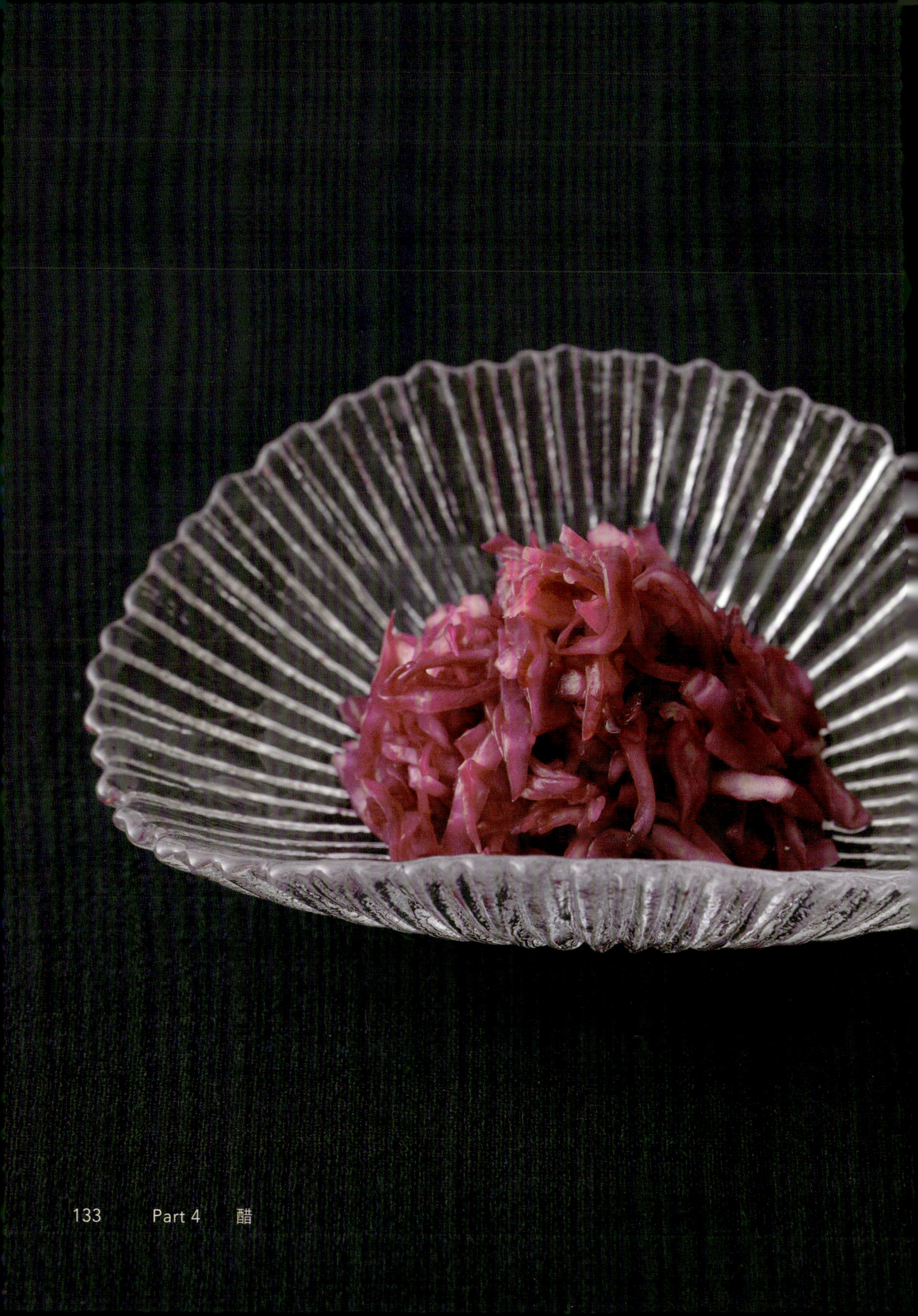

軟化食材

醋炒豬肉蓮藕　豚バラ肉とれんこんのさっぱり酢煮

醋能軟化肉質纖維，讓豬肉口感更加嫩口，同時減少油膩感，吃起來更清爽。

食材

豬五花肉條　400g
米酒　1大匙
蓮藕　1節
甜豆　8根
大蒜（薄片）　1瓣
生薑（薄片）　1小塊
沙拉油　½大匙

調味料

親子蓋飯醬（P155）　200ml
醋　4大匙
蜂蜜　1大匙

作法

1. 豬肉切約4公分寬厚片，加米酒抓醃。
2. 蓮藕去皮切成1公分厚度，甜豆燙熟備用。
3. 熱鍋加油，炒香蒜片與薑片，放入豬肉煎至上色。
4. 加入蓮藕炒2分鐘，倒入親子丼醬汁與醋，蓋鍋燉8分鐘。
5. 開蓋加蜂蜜收汁2分鐘，裝盤後搭配甜豆，即可享用。

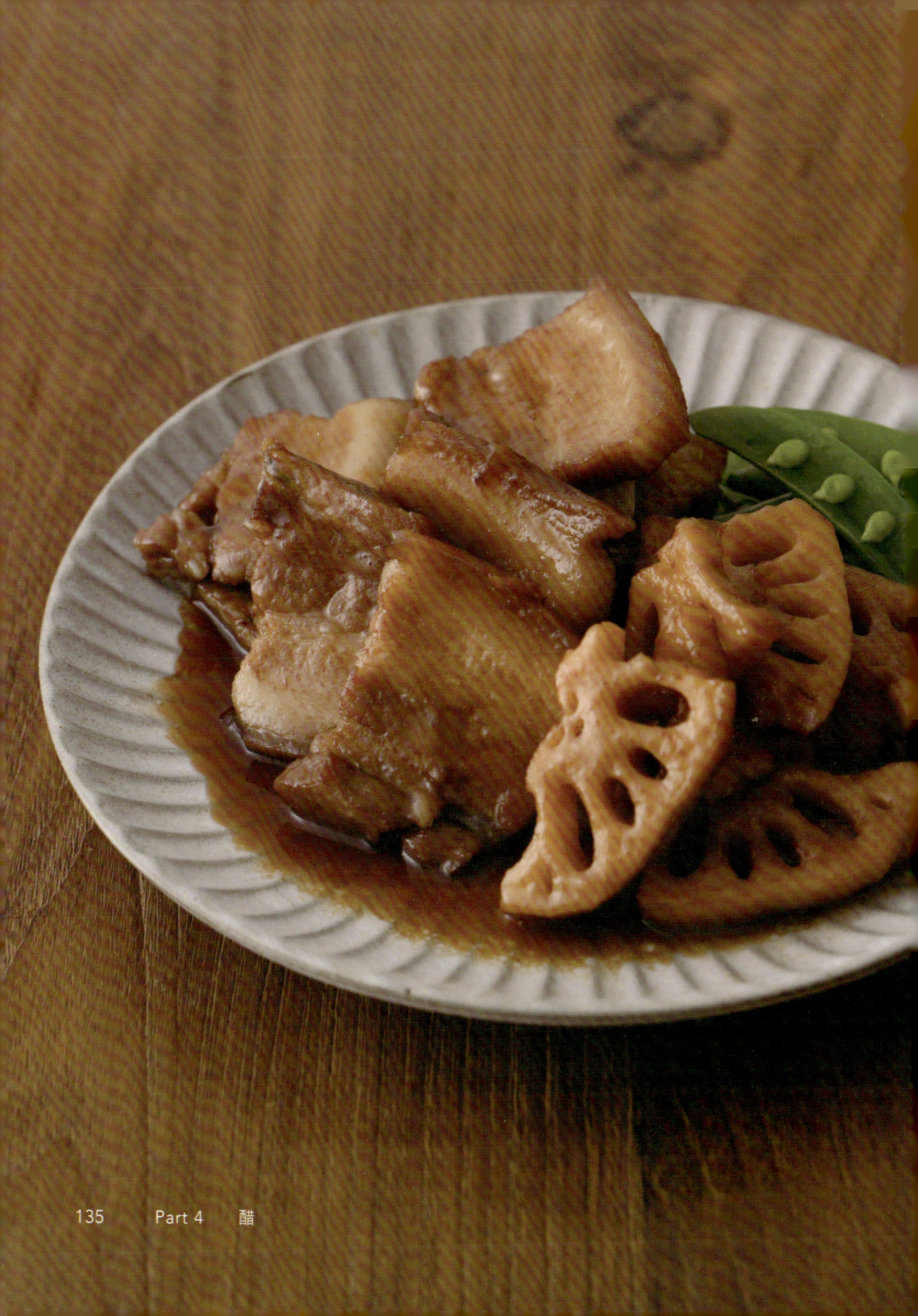

歐風醃菜　カラフルピクルス

保存食材

使用多彩時蔬製作的洋風醃漬菜，是色彩誘人、開胃爽口的常備菜，不妨一次多做一些，冷藏保存約5～7天。

食材

- 白蘿蔔　5公分
- 紅蘿蔔　1/3根
- 小黃瓜　1根
- 鹽　1小匙
- 紅、黃甜椒　各1/2顆
- 白花椰菜　1/4顆

調味料

- 甘醋　200ml
- 水　200ml
- 丁香　3粒
- 黑胡椒　1小匙
- 月桂葉　1片
- 乾辣椒　1根

作法

1. 白蘿蔔、紅蘿蔔、小黃瓜切條狀，撒鹽靜置20分鐘後擠乾水分。
2. 甜椒切條狀，花椰菜分小朵後燙熟放涼。
3. 甘醋、水與所有香料一起煮沸後，關火放涼。
4. 將所有蔬菜放入容器，倒入放涼後的醬汁，浸泡2小時以上即可享用。

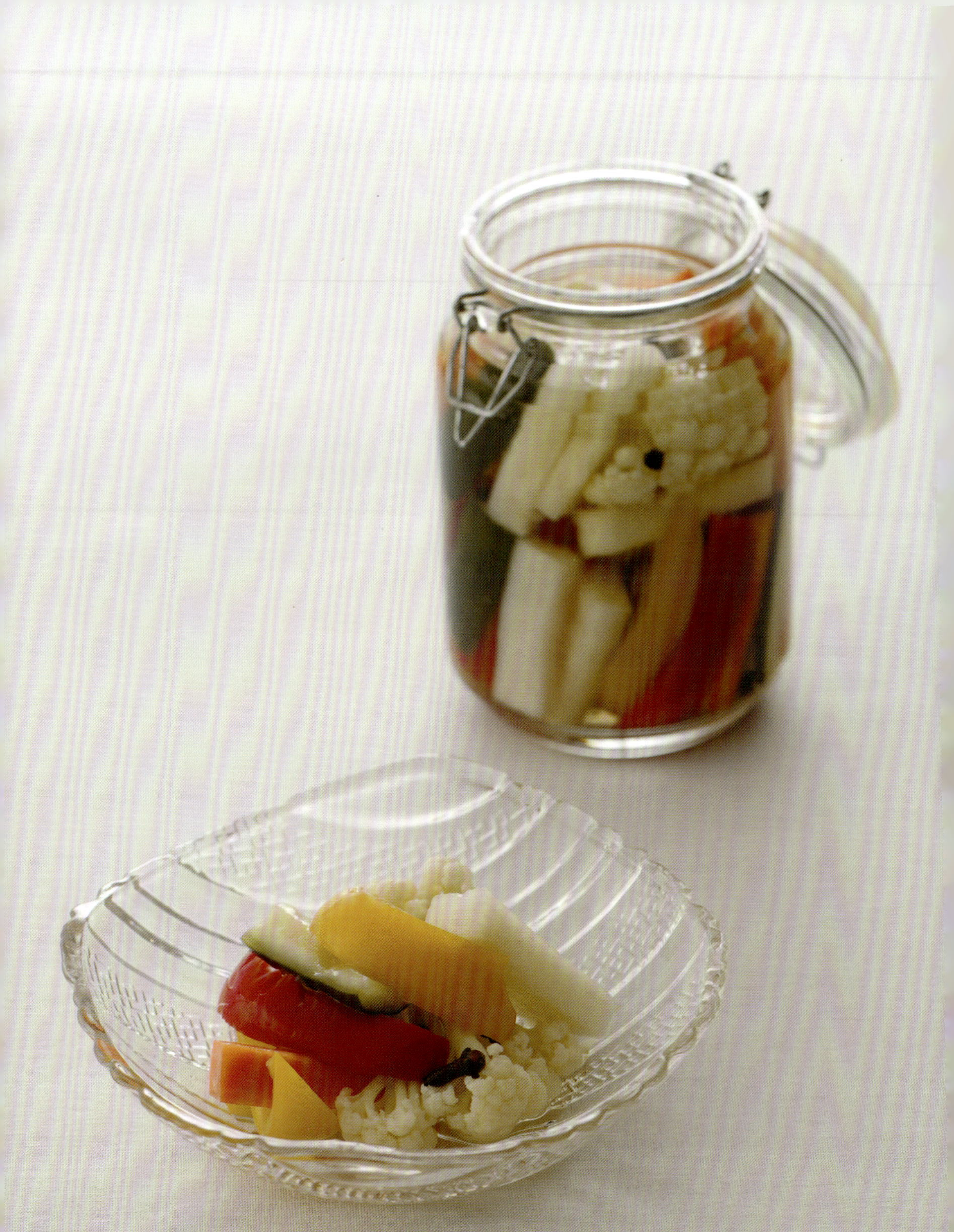

柳葉魚南蠻醋 シシャモの南蛮漬け

保存食材

柳葉魚炸好後浸泡於南蠻醋，在冷卻過程中，蔬菜、醬汁與魚的鮮味會逐漸浸透融合，滋味清爽醇厚。冷藏約可保存5天。

食材

- 柳葉魚（冷凍） 12～15條
- 洋蔥 1/2顆
- 紅蘿蔔 1/8條
- 紅甜椒 1/2顆
- 青椒 5公分
- 葡萄乾 2大匙
- 太白粉 4大匙
- 橄欖油 1大匙
- 沙拉油（炸魚用） 適量

調味料

- 南蠻醋 300ml
- 綠檸檬 1/2顆

作法

1. 柳葉魚解凍後擦乾水分。
2. 蔬菜切絲；檸檬切片，南蠻醋倒入深容器備用。
3. 熱鍋加橄欖油，炒香蔬菜與葡萄乾1分鐘後放入漬液中。
4. 將柳葉魚放入塑膠袋內，加太白粉搖勻。
5. 熱炸油約2公分深，將魚炸至金黃後放入漬液，拌勻蓋上蔬菜。醃製至少30分鐘或隔夜，中途可輕輕攪拌，使蔬菜和魚肉充分浸泡在南蠻醋中。裝盤擺上檸檬片裝飾，作為涼拌前菜非常美味。

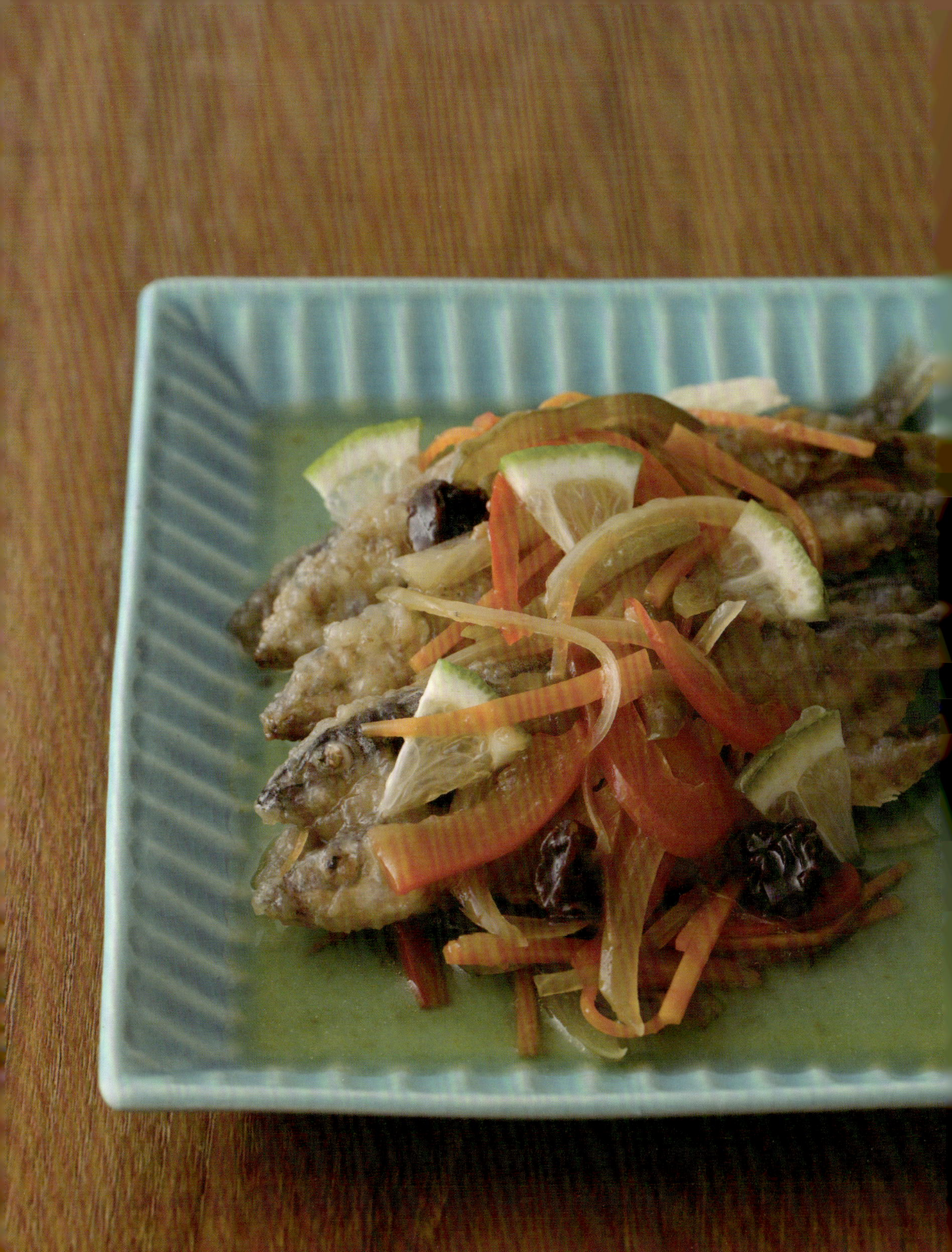

> 維持健康

黑醋蜂蜜檸檬飲　黒酢のはちみつレモン

醋具有促進代謝、幫助緩解疲勞的效果，加上檸檬，是一款爽口的蜂蜜檸檬醋飲。

食材

檸檬　1顆
薄荷葉　適量

調味料

黑醋　100ml
蜂蜜　100g

作法

1. 檸檬洗淨擦乾，切薄片。
2. 黑醋與蜂蜜混合攪拌至溶解，加入檸檬片，密封冷藏1天。
3. 飲用時可依喜好加水、氣泡水、熱水或牛奶、豆漿稀釋。

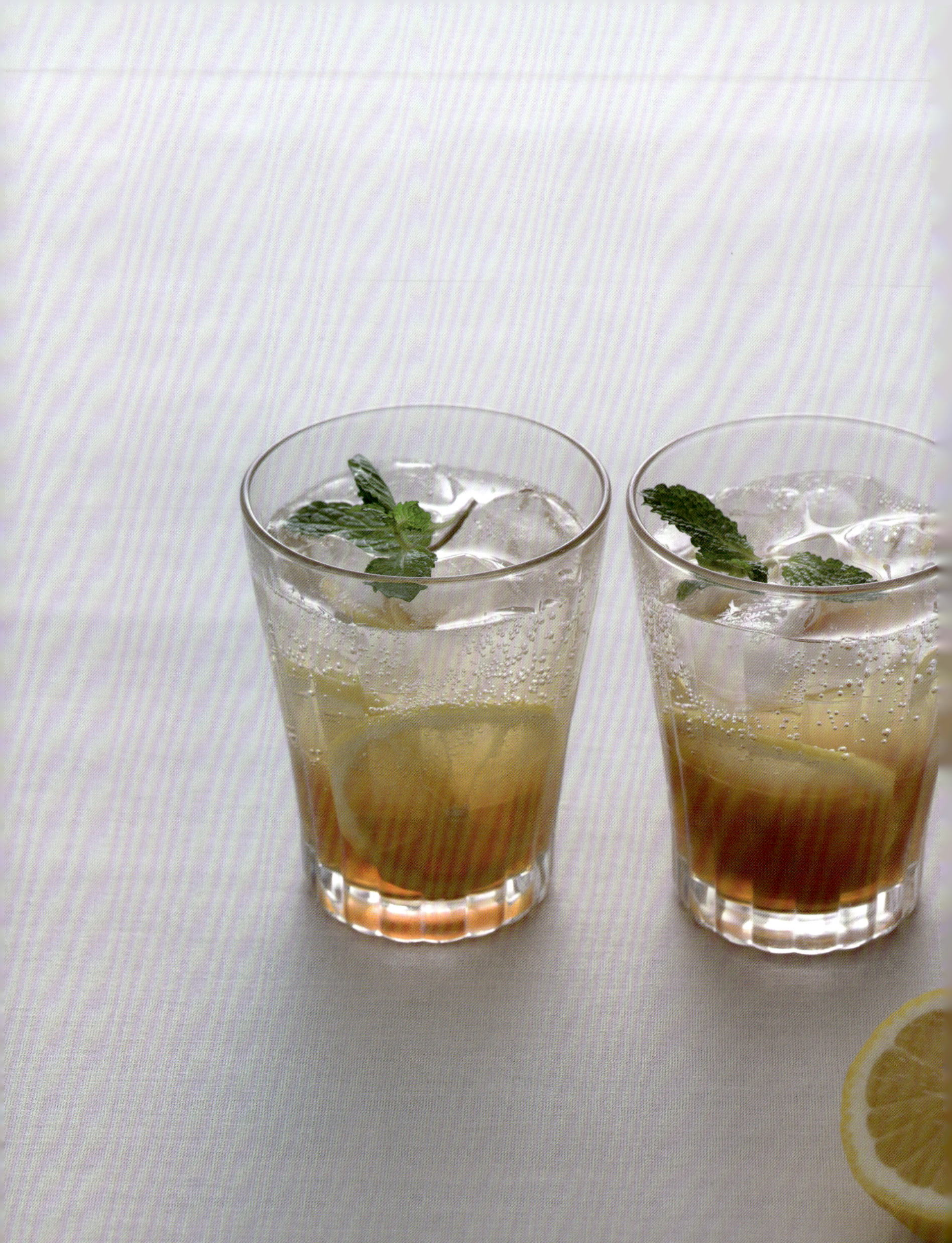

Part 5

醬油

せ
Se

醬油是以大豆、小麥、麴菌與鹽等簡單原料，經發酵而熟成的液體調味料。日本各地因應風土條件與在地文化，所釀造出的醬油風味也各自獨特。它的魅力，在於深厚的「旨味」、層次豐富的香氣，以及能夠提引料理美味的萬用特質。

日本醬油的起源

在日本，據說醬油的起源可追溯至稻作開始之際。當時，人們開始製作類似魚露的調味料，也就是將魚類與鹽混合後發酵而成的液體。在同一時期，世界各地也有將魚類或肉類與鹽發酵後製成調味料的傳統。隨後，來自中國大陸的穀物發酵技術傳入日本，取代了魚露；這類以穀物加鹽發酵而成的穀物醬，成為醬油的雛形。

早在7世紀（公元600年以後），日本便出現了「醬」這個文字。在飛鳥時代的一部古文獻中，也記載著「醬（ひしお）」一詞，這即是今日醬油的起源。

此後，日本人有很長一段時間都使用醬，進入平安時代後，隨著製醬技術進步，調味料開始從固體變為液體。當時人們在餐時會擺放「鹽、酒、醋、醬」四種調味料，自行搭配沾食，顯示出調味文化逐漸多樣化。

到了室町時代（1336年至1573年），「醬油」一詞正式出現。據說「醬油」這個名稱源自發酵醬料中所浮出的液體部分，這層液體因為與固體分離，狀似油水分離，因此被稱為「醬之油」，最終簡化為「醬油」。

從上方到江戶：醬油的傳播

自室町時代後期至江戶時代初期，關西地區一直是日本飲食文化的中心。其

144

Q：「透明醬油」是醬油嗎？

近年來在日本出現的「透明醬油」因其特殊外觀而引發話題。不過，這類產品並不屬於 JAS 規格中的醬油，而是醬油加工品。

例如圖示的透明醬油，是一家名為「分銅大ふんどうだい」的廠商所生產，它以本釀造的濃口醬油為原料，經過透明處理，除去色澤，再加入調味液調整風味，已不再是單純發酵製成的醬油，而是加工後的調味產品。

Q：麵沾醬（めんつゆ）是醬油嗎？

在台灣常見的麵味露「めんつゆ（Mentsuyu）」，或者高湯醬油（だし醬油）、昆布醬油（こんぶしょうゆ）、鰹魚高湯醬油（かつおだししょうゆ）、蛋拌飯醬油（たまごかけしょうゆ）等，都是以醬油為基底，添加出汁（高湯）、糖、甜味劑、調味料等製成的液體調味料，根據 JAS 標準皆屬於「醬油加工品」。

中，大阪、神戶與小豆島等近畿地區，是醬油的重要產地。當時，這些地區所釀造的醬油逐漸往東傳播，進入江戶（今東京）地區。

因為這些醬油是從「上方」（指京都、大阪一帶）運往「下方」（指江戶一帶），因此被稱為「下り醬油」，意思是「往下方運送的醬油」。

到了江戶時代中期，關東地區生產業興隆，江戶的平民與勞動階層帶動了路邊攤文化的發展，如烤鰻魚、烤雞肉串、壽司、蕎麥麵等都很受歡迎，這些料理多半需要濃郁、鹹香的調味料。為了因應這些飲食需求，關東地區開始釀製適合當地口味的醬油。

日本醬油的三大產地

日本全國都有生產醬油，主要產地為千葉縣、兵庫縣、香川縣小豆島。千葉縣是龜甲萬（Kikkoman）、山佐（Yamasa）、Higeta等知名品牌的總部所在地。兵庫縣龍野市則是淡口（薄口）醬油的重要產地，其中「Higashi東丸醬油株式會社」為代表性的生產商。雖然香川縣小豆島上沒有大型的醬油製造商，但保留了超過400年歷史的木桶釀造技術，小規模工坊林立。

各產地的醬油風味各異

從靜岡以北的地區，大多使用濃口醬油，風味濃郁、鹹度明顯；而在九州地區，無論是一般醬油還是生魚片專用醬油，都是比較偏甜的。九州醬油為什麼這麼甜？關於這點有幾種不同說法。

在過去，醬油價格曾與酒一樣貴；而砂糖是進口品，主要從長崎的出島運往日本，再經由佐賀、福岡等地方更容易取得砂糖。據說，當時人們會在高級的醬油中添加珍貴的砂糖來招待貴客，逐漸形成了偏甜的醬油文化。

另一說則是，九州靠海，是漁獲產地，因水溫溫暖，能捕獲很多油脂豐富的南洋魚類。這些魚類在捕撈後不久便進入僵直狀態，表面緊繃，無法吸附普通稀薄的醬油，因此，當地人喜歡使用甜而黏稠的醬油來搭配此類魚種，更能附著在魚肉表面、提升風味。

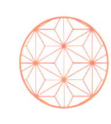

JAS法之醬油的定義與種類

醬油的基本原料為大豆、小麥與食鹽。大豆中的蛋白質會在釀造過程中分解為具有鮮味的胺基酸；小麥中的澱粉則轉化為葡萄糖，帶來香氣與甜味；食鹽能保護醬油免受雜菌侵害，使醬油得以長時間熟成。此外，雖然不會標示於產品成分中，「麴菌」卻是釀造醬油不可或缺的主角。與味噌、日本酒、納豆一樣，醬油也是日本代表性的發酵食品之一。

根據日本農林水產省訂定的《日本農林規格》（JAS法），「醬油必須以大豆為原料」。若未使用大豆，即使是以發酵方式製成，也不能稱為醬油。例

熟成期間

半年至一年　　　　　　　　　　　　　　兩年至三年

淡口　　淡口　　濃口醬油　　再發酵醬油　　溜醬油

如魚露雖為發酵調味料，便無法被歸類為醬油。JAS法中將醬油依下列三個標準進行分類：

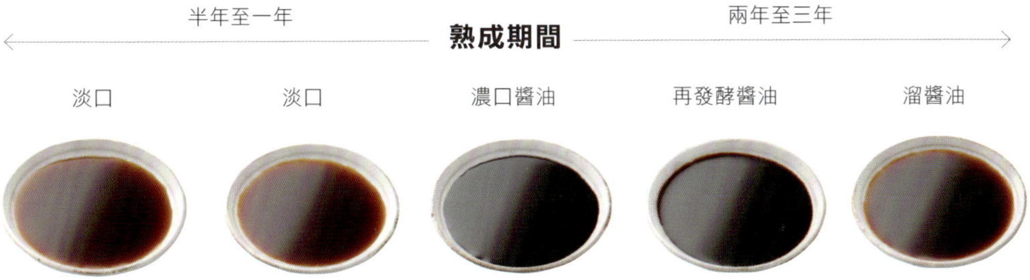

A 依等級可分為三類

根據色澤、香氣、胺基酸等旨味（Umami，即鮮味）成分的含量，分為特級、一級與普通等三個等級。

B 依種類區分為五種醬油

根據原料比例與風味特徵，分為濃口醬油、淡口醬油、溜醬油、再仕込醬油與白醬油等五大類型。

147　Part 5　醬油

白醬油 しろしょうゆ

是所有醬油中顏色最淺的一種，呈淡琥珀色。以小麥為主要原料，熟成時間較短，鮮味（Umami）成分被抑制，因此不會掩蓋食材本身的風味。適合用於炊飯（如雜炊飯、炊き込みごはん），能維持米飯清爽的色澤；也常用於清湯（吸物）、茶碗蒸等，讓料理色彩更加漂亮清雅。

淡口醬油 うすくちしょうゆ

是西日本地區常見的淺色醬油，「淡口」是指色澤而非鹹度低，與白醬油相比，味道更鹹一些。適用於燉煮料理（煮物）、清湯（吸物）等，能凸顯食材的本色與湯汁風味。

甘口醬油 あまくちしょうゆ

在九州與北陸地區（指本州中央部（中部地方）面日本海的地區）特別常見。越靠海的地區，醬油的甜味通常越明顯。甘口醬油甜度因地區而異，常用於烤飯糰、生雞蛋拌飯，也很適合搭配白肉魚生魚片等料理。

◆台灣常見的「甘口（甜口）」醬油，並非JAS標準的五種類型之一，實際上屬於濃口醬油的延伸種類。

濃口醬油　こいくちしょうゆ

為日本最常見的標準型醬油，占全國流通量約八成，東日本幾乎都使用濃口醬油。顏色呈現美麗的紅棕色，風味濃郁，香氣均衡，從北海道到沖繩，各地都有生產，是非常萬用的醬油，無論作為沾醬或烹調用，都十分合適。

再仕込醬油　さいしこみしょうゆ

又稱「二次釀造醬油」或「再發酵醬油」。其製法是以一次釀造完成的醬油代替鹽水進行第二次釀造，與濃口醬油相比，需要兩倍的原料與時間，因而風味更為醇厚，香氣層次豐富，是適合搭配生魚片的醬油。

溜醬油　たまりしょうゆ

以大豆為主要原料、使用較少水分釀造，因而可以讓風味濃縮。由於水分少、發酵時間長，溜醬油顏色偏深，有獨特的香氣。鮮味成分在醬油種類中屬於頂級的，用作沾醬或照燒料理時，能為食物帶來美麗的亮澤。

C 依製造方法有三個類型

依據是否採用天然發酵或添加化學調味成分，JAS標準將醬油分為本釀造醬油、混合釀造醬油與混合醬油，三者的主要區別在於是否添加胺基酸以及添加時間。

本釀造醬油（純釀造醬油）

使用江戶時代以來一直延續的傳統方法，僅以大豆、小麥、食鹽、麴菌發酵製成。不添加人工調味成分，是最天然的釀造方式。

混合釀造醬油

在醪液發酵之前，即加入胺基酸液或加水分解的蛋白水解物，使醬油快速產生旨味成分。

混合醬油

先用傳統方式釀造本釀造醬油，再於加熱殺菌前加入胺基酸、甜味劑等，調整風味與甜度。

◆ 九州和北陸地區的甜醬油通常屬於混合或混合釀造的醬油。胺基酸本身沒有甜味，常與胺基酸一起添加甜味劑，製成甜醬油。

醬油的基本製造流程

● **處理原料**
將黃豆蒸熟、小麥炒香後磨細備用。

● **製麴**
在處理過的原料中，加入麴菌，製成醬油麴。

● **發酵與熟成**
在醬油麴中加入鹽水製成「醪液（もろみ）」，這時麴菌停止繁殖，麴菌所產生的酵素開始工作。醪在槽中發酵幾個月後便進入成熟期。活性微生物的活性幾乎消失，整個「醪」就在和諧的狀態下完成了。

● **擠壓**
使用加壓機將堆疊的「醬油醪」施加壓力，慢慢擠出醬油。

● **加熱殺菌**
將生醬油加熱的過程稱為「火入れ（ひいれ）」。透過這個加熱過程，調節醬油的顏色、味道、香氣，並殺菌去除醬油中殘留的微生物，使酵素失去活性、凝固並除去酵素蛋白。

● **裝瓶**
完成製作，裝瓶後販售。

從標籤辨別醬油種類

購買醬油時，只要仔細查看商品標籤上的資訊，即可判別其類型與釀造方法。標籤上通常會印有以下資訊：名稱、原材料名稱、含量、保存期限、保存方法、製造商，我們應該特別留意的是「名稱」和「成分」。

「名稱」會顯示醬油的種類和製造方法。例如標籤上寫：「濃口醬油（本釀造）」，表示這是一款以本釀造法製作的濃口醬油。

「成分」則會看到有大豆、脫脂加工大豆等標示；若看到成分中出現「胺基酸液、甜味劑」，則可能是混合釀造或混合類型的醬油。

混合醬油
在榨取完的醬油中添加胺基酸液

名稱：濃口醬油混合醬油（混合醬油）
原料：胺基酸液、脫脂加工大豆（非基因改造）、小麥、食鹽、酒精、調味料（胺基酸）、甜味劑（甜菊糖）
容量：500ml

混合釀造醬油
添加胺基酸液後釀造，再進行釀造

名稱：濃口醬油（混合釀造醬油）
原料：食鹽、脫脂加工大豆（非基因改造）、小麥、胺基酸液、糖類（葡萄糖、砂糖）、酒精、調味料（胺基酸）、焦糖色素、甜味劑（甜菊糖、甘草）、維生素B1
容量：500ml

本釀造醬油
自江戶時代延續至今的釀造方式

名稱：濃口醬油（本釀造醬油）
原料：大豆、小麥、食鹽
容量：500ml

黃金比例・調味醬

這些經典醬汁不僅保留和食風味，也能靈活搭配，無論炒菜、燉煮或沾醬，都能輕鬆駕馭。

✤ 照燒醬

照り焼きのたれ

照燒醬簡單的1:1黃金比例，不僅能讓食材鮮嫩入味，濃郁醬汁更是超級下飯！

醬油：酒：味醂：糖
1:1:1:1

適合料理

照燒雞、金平牛蒡、薑燒豬肉等
⇨ P066 照燒雞、P128 雞翅雞蛋煮物、P130 金平牛蒡

材料

醬油	30 ml
酒	30 ml
味醂	30 ml
糖	30 g

作法

將所有材料放入鍋中，煮沸後即可完成。

152

蒜醬油

にんにく醬油

大蒜的香氣令人食慾大開！不僅適合和食，也推薦用於中式炒菜。

醬油：味醂
3：1

適合料理

炒菜、炒肉、炒飯

材料

醬油 90 ml
味醂 30 ml
蒜頭 4 顆

作法

將所有材料放入鍋中，煮沸後即可完成。

椪醋

ポン酢

自製的椪醋爽口且香氣十足。用作沙拉醬時,再加點芝麻油或沙拉油會更滑順提味。

醬油:味醂
7:3

適合料理

沙拉醬、火鍋醬

⇨ P036 日式雞肉昆布鍋

材料

醬油 70ml
味醂 30ml
柑橘類果汁 50ml
昆布乾 1片(約3公分)
柴魚片 20g
醋 1～1½大匙

作法

味醂先在小鍋中煮沸以去除酒精,放涼備用。將所有材料調勻即可使用。

親子蓋飯醬

親子丼のたれ

這款醬汁裡包含了日本家常菜的基本調味料：醬油、味醂、糖和高湯。除了親子蓋飯，能廣泛運用在燉煮料理（煮物），或其他蓋飯如炸豬排滑蛋蓋飯、牛肉蓋飯等。

醬油：味醂：糖：高湯
2：2：1：4

適合料理
親子蓋飯、煮物
⇨ P058 燉煮馬鈴薯豬肉、P070 南瓜煮物、P076 親子蓋飯、P134 醋炒豬肉蓮藕

材料
醬油　50 ml
味醂　50 ml
糖　　25 g
高湯　100 ml

作法
將所有材料放入鍋中，煮沸後即可完成。

沾麵汁 めんつゆ

這個配方冷麵和熱麵都適用；若用於湯麵，可再兌上熱水加至自己喜歡的鹹度。

醬油：酒：味醂：高湯
1.5：1：1.5：10

適合料理
日式沾麵

⇩ P042 滑蛋烏龍麵、P046 炸浸高湯夏天蔬菜、P050 蝦香大白菜高湯拌菜

材料
醬油	30 ml
酒	20 ml
味醂	30 ml
高湯	200 ml

作法
將所有材料放入鍋中，煮沸後即可完成。

關東煮湯

おでんつゆ

是一款充分釋放高湯鮮味的湯品。加入食材續煮後，隨著各種材料風味融入湯中，整體會更加濃郁。

醬油：味醂：高湯
1：1：25

適合料理

關東煮、什錦火鍋、炊飯
⇩ P040干貝油炸豆皮炊飯、P048日式高湯醃番茄、P074關東煮

材料

薄口醬油	40 ml
味醂	40 ml
糖	2/3 大匙
鹽	1/4 小匙
高湯	1000 ml

作法

將所有材料放入鍋中，煮沸後即可完成。

甘口醬油

烤飯糰　焼きおにぎり

試試看用甜醬油烤飯糰吧！
做法很簡單，
也很適合當作外出野餐的餐點或宵夜。
烤的時候建議把醬油烤出一點焦香味，
要用小火慢慢煎烤，
可別大火急著煎喔。

食材

白飯　2碗份（300ｇ）
甜醬油　1½大匙
沙拉油　少許

佐料

紫蘇葉　適量

作法

1 用熱騰騰的白飯捏成三角形飯糰。

2 預熱平底鍋，並抹上一層薄薄的油，將飯糰放入，小火兩面各烤1分半，塗上醬油後，再烤2～3分鐘。

3 再次塗上一層醬油烤，當香氣飄出時，即可完成。

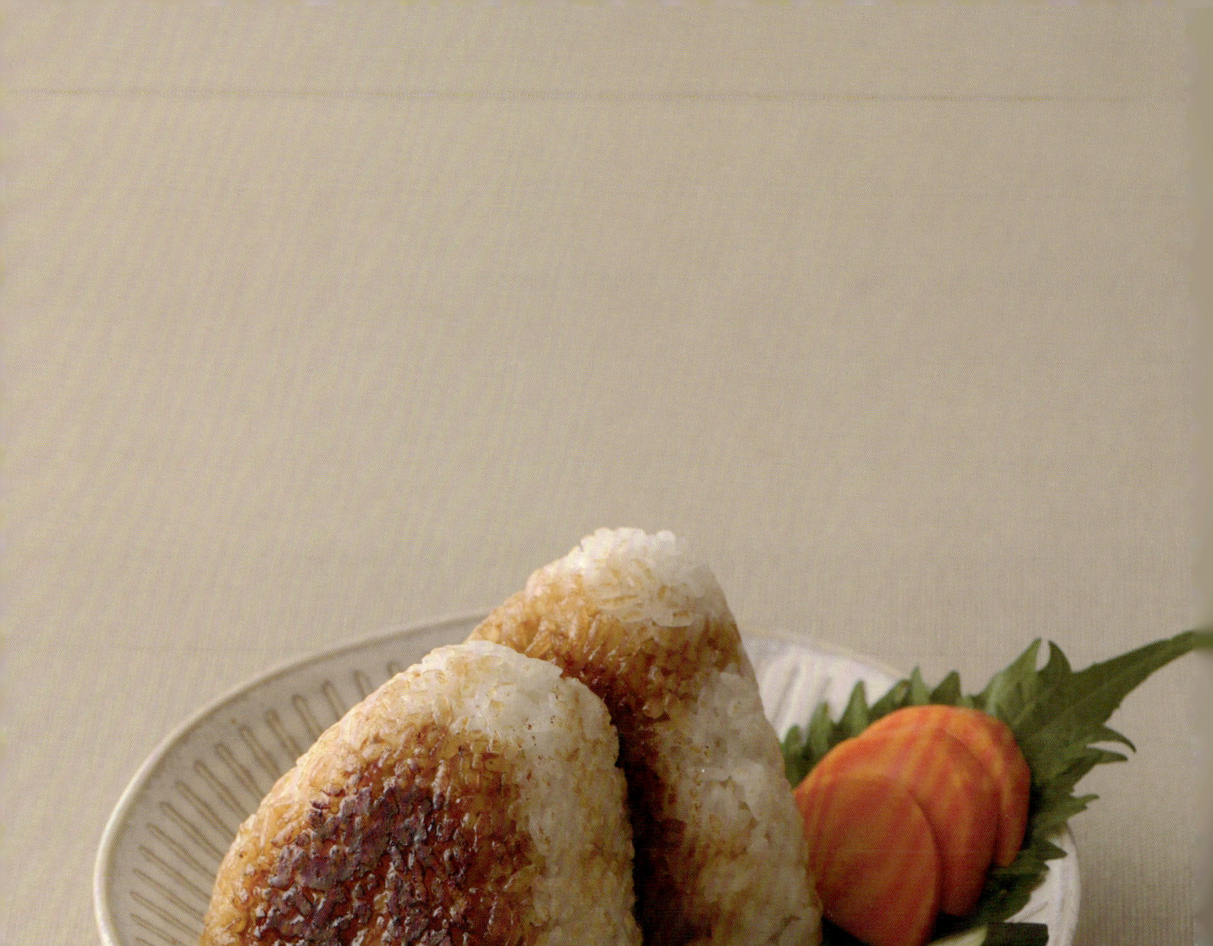

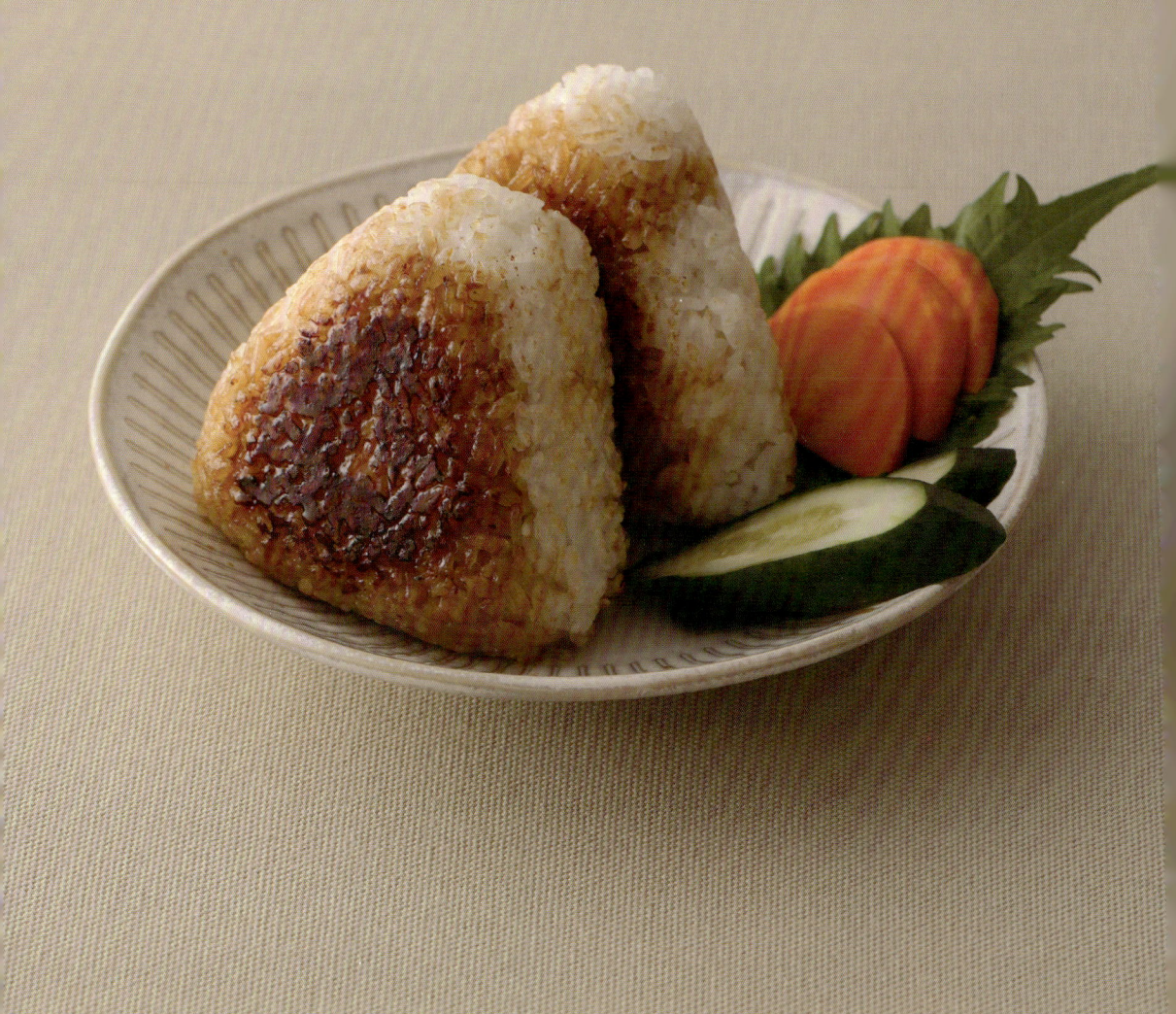

芝麻蔬菜涼拌　ほうれん草の胡麻和え

[甘口醬油]

簡單調製的芝麻涼拌菜，香濃又不膩口，是能輕鬆攝取大量蔬菜的實用常備菜。

食材
菠菜　200g
胡蘿蔔　1/3 根
金針菇　100g

調味料
甘口醬油　2大匙
砂糖　1大匙
白芝麻粉　4大匙

作法
1. 菠菜去根切段，胡蘿蔔切絲，金針菇切段。
2. 滾水加鹽，將所有蔬菜燙熟後沖涼並擠乾水分。
3. 醬油、砂糖、白芝麻粉混合，拌入蔬菜吸收醬汁，即可完成。

Part 5　醬油

溜醬油

大根醃菜　大根の溜り醬油漬け

蘿蔔吸飽了昆布的鮮味與溜醬油的濃厚風味，每一口都清爽可口，是一道沙拉感的細緻小菜。

食材
白蘿蔔　500g
昆布　5g
乾辣椒　1根

醃汁
冰糖　50g
溜醬油　100ml
醋　25ml

作法

1 白蘿蔔去皮切滾刀塊，昆布切小塊，紅辣椒去籽。

2 醃汁材料入鍋加熱拌勻，煮至糖溶解後放涼備用。

3 將白蘿蔔、昆布、辣椒乾放入保鮮袋，倒入醃汁，擠出空氣密封。

4 冰箱冷藏漬製4小時以上，7～10天內食用。

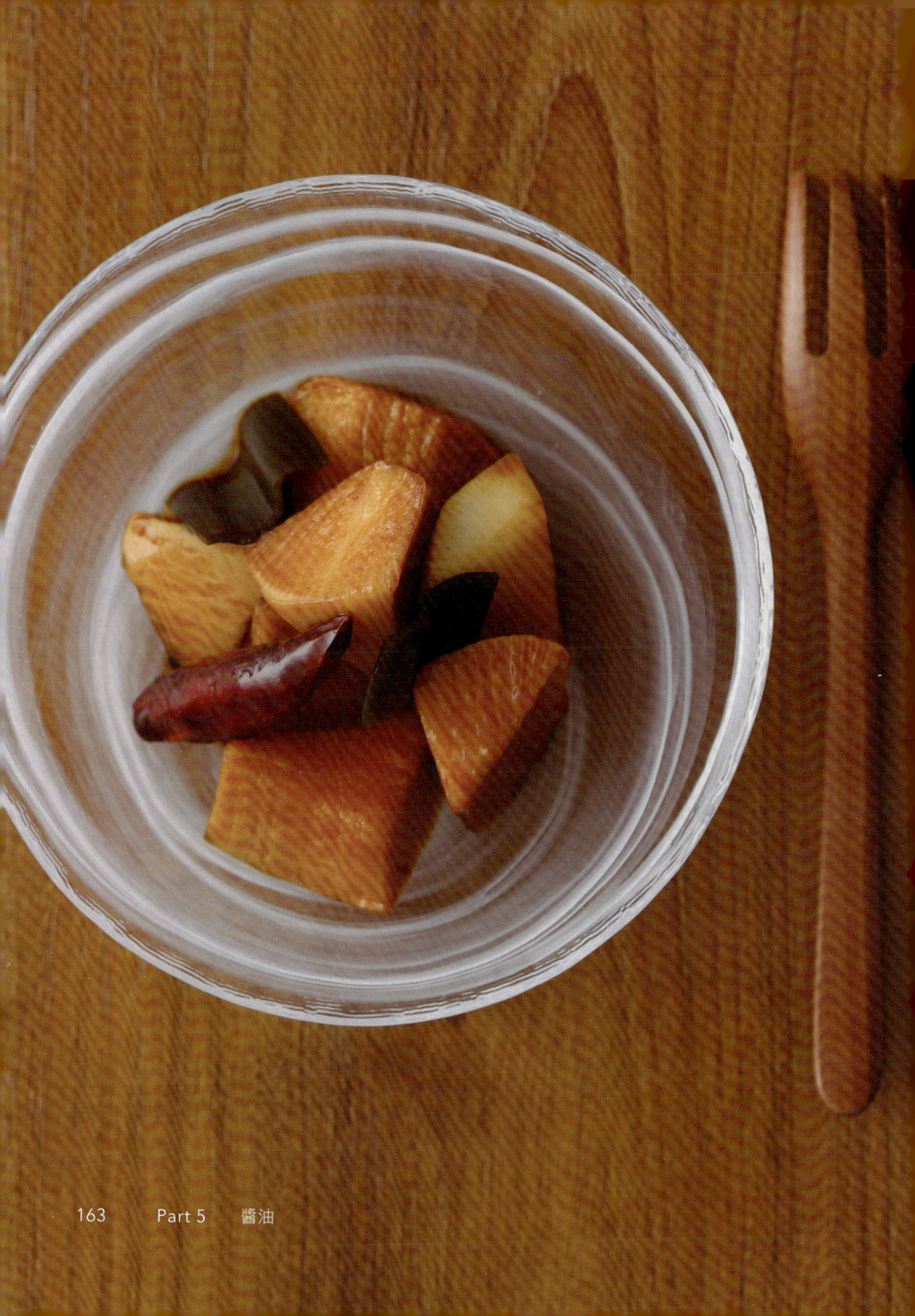

溜醬油醃起司　モッツァレラチーズの醬油漬け

莫札瑞拉起司吸收了溜醬油的鮮味，奶香中多了一點醬香，非常適合作為下酒菜。

食材

莫札瑞拉起司　1塊（約100g）

醃汁

溜醬油　2大匙
味醂　2大匙
酒　1大匙

作法

1. 鍋中放入醬油、味醂與酒煮沸後關火，放涼備用。
2. 將莫札瑞拉起司的水分擦乾。
3. 整顆起司與調味料放進密封袋中，抽出空氣，浸泡半天至一整晚入味。
4. 取出瀝乾水分，切片裝盤即可享用。

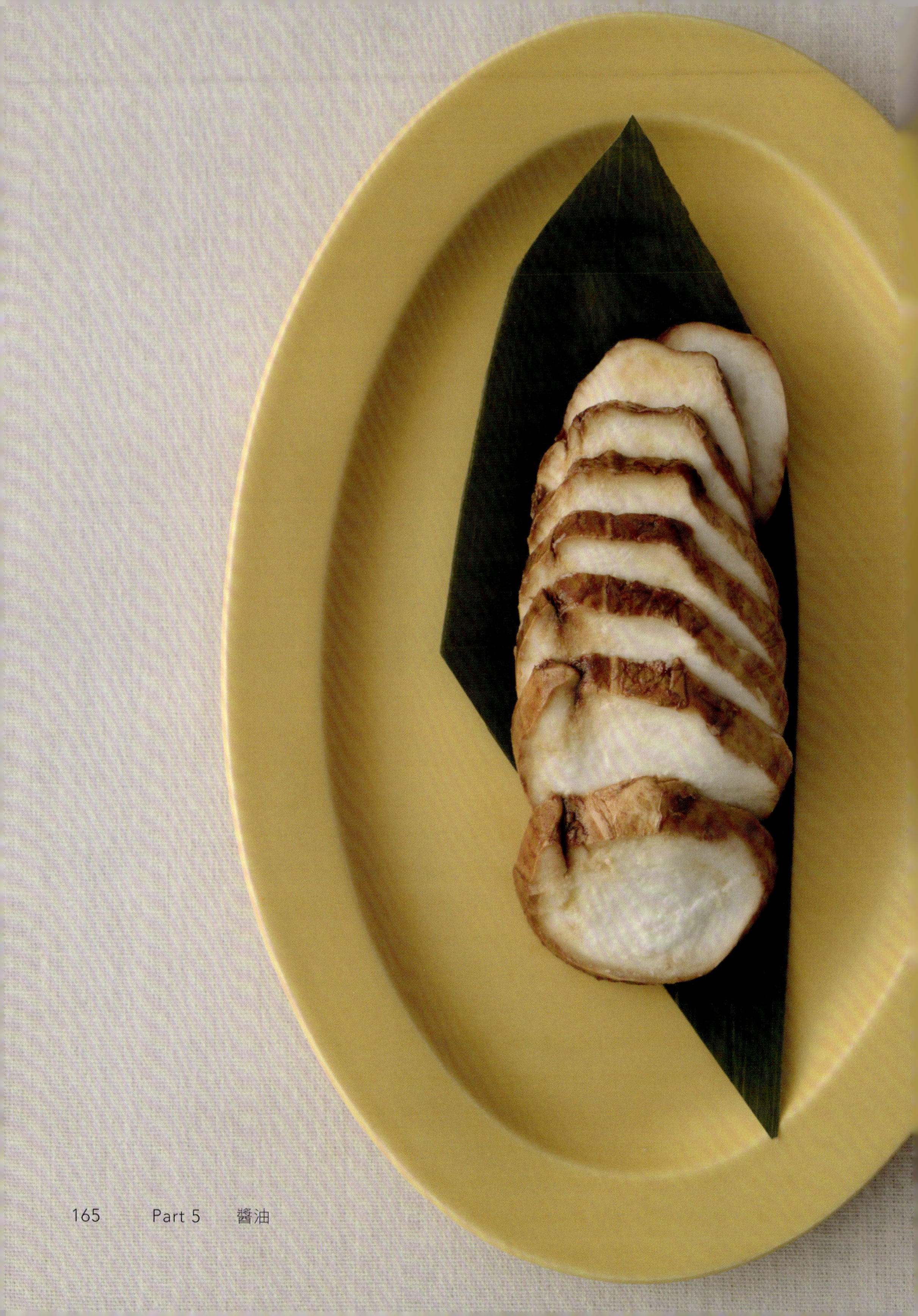

牛肉烏龍麵　肉うどん

薄口醬油

好吃的牛肉烏龍麵關鍵在於沾麵汁與肉分開煮。肉要煮得稍微甜鹹，這樣搭配清爽的烏龍麵湯頭最對味。

食材

牛肉火鍋肉片　250 g
親子蓋飯醬　120 ml
老薑（切絲）　1 塊
烏龍麵乾麵　2 人份

湯頭

沾麵汁　400 ml
高湯　300 ml

佐料

蔥花　少許

作法

1. 鍋中倒入親子蓋飯醬與薑絲，中火加熱至湯汁微滾，放入牛肉，用筷子將肉片撥散，轉小火煮4～5分鐘至入味。

2. 準備一小鍋將沾麵汁與高湯加熱備用。烏龍麵煮熟後，撈起放入碗中，倒入湯頭，輕輕拌勻。

3. 最後放上調味牛肉，撒上蔥花即可享用。

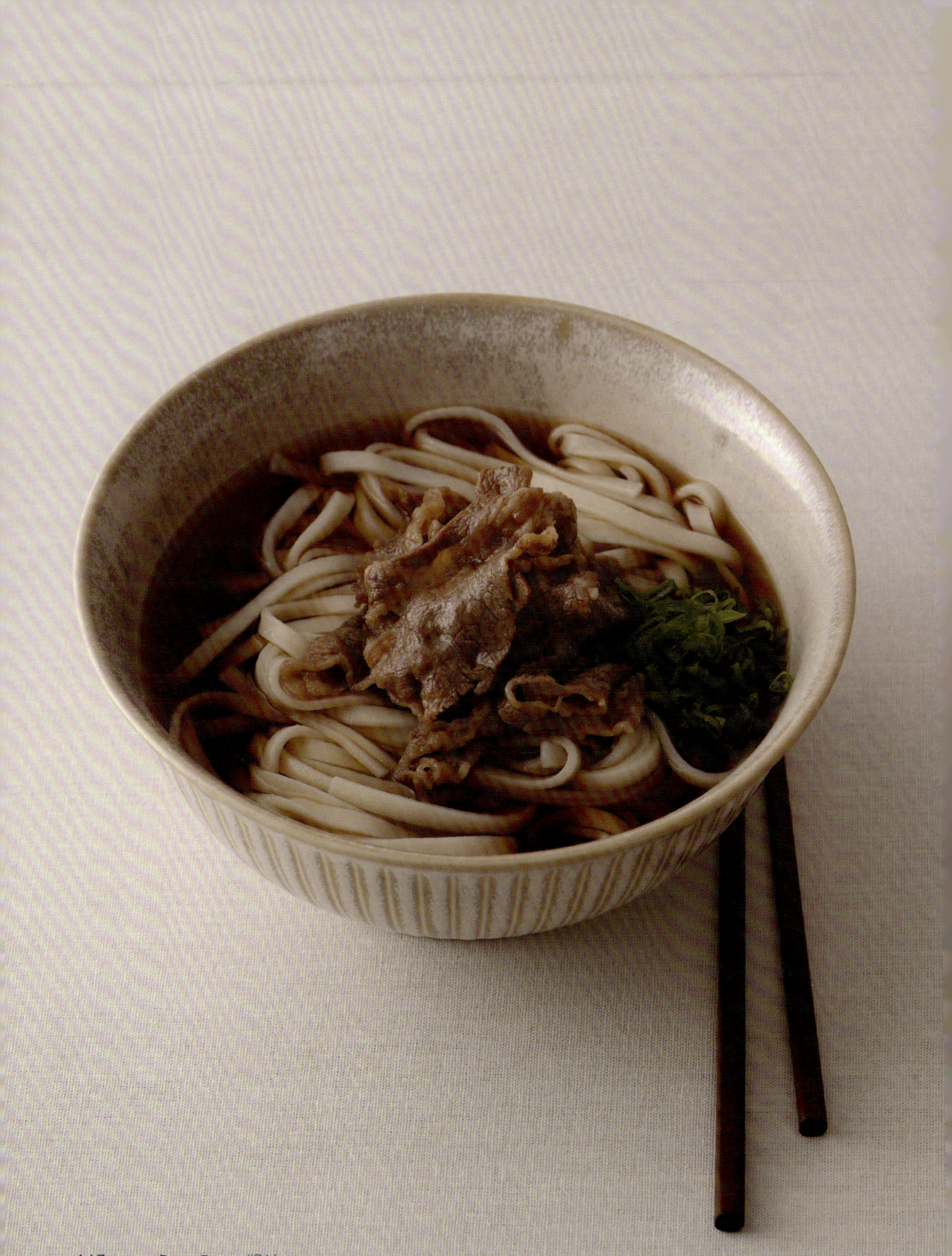

濃口醬油

奶香椪醋杏鮑菇炒肉

豚肉とエリンギのバタポン炒め

奶油與柚子醋,是另一組意想不到的絕佳搭配。能同時享受奶油的香醇,柚子醋隨後帶來清爽感,是一道吃不膩的下飯料理。

食材

豬梅花火鍋片	150g
杏鮑菇	4根(約200g)
甜豆	4根
紫蘇葉	適量

調味料

酒	1小匙
太白粉	1小匙
鹽	少許
奶油	2大匙
椪醋	1½大匙
胡椒	少許

作法

1. 杏鮑菇縱切對半,再切1.5公分厚度半月形;肉片加酒、太白粉與鹽拌勻備用。
2. 平底鍋中火加熱奶油,稍融化後放入肉片翻炒至熟。
3. 加入杏鮑菇與甜豆,再炒約2分鐘至熟。
4. 最後加椪醋與胡椒,快速翻炒均勻,即可享用。

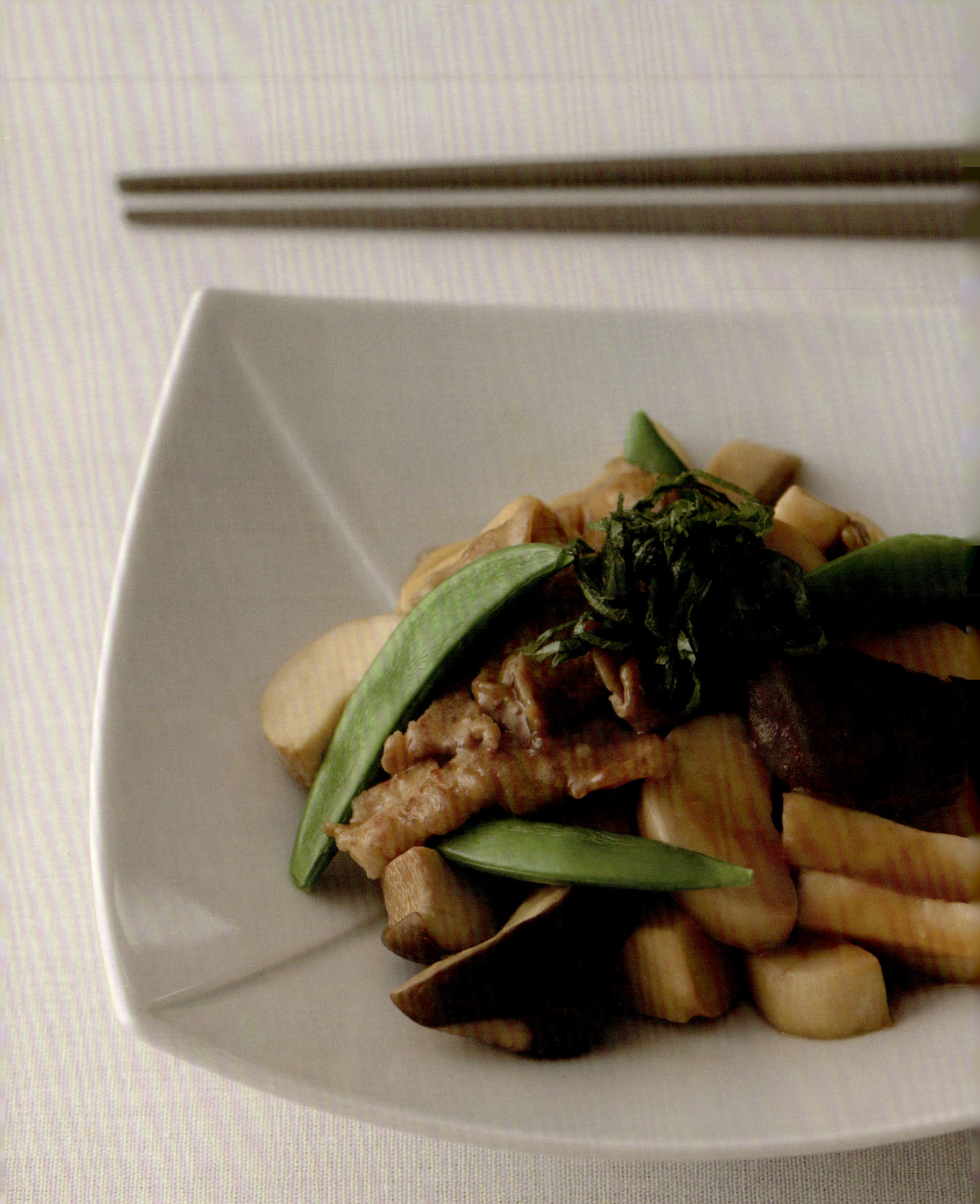

濃口醬油

奶蒜香醬油牡蠣

牡蠣のバター醬油炒め

奶油與蒜香醬油的香氣,超下飯也適合配酒。牡蠣煎太久會縮水,所以加了蒜味醬油後要快炒均勻,立刻上桌。

食材

牡蠣（去殼） 10 顆
低筋麵粉 2 大匙
有鹽奶油 2 大匙

調味料

蒜味醬油 2 大匙

配料

生菜 適量

作法

1 將牡蠣撒上足夠的鹽（份量外）,用水沖洗乾淨後瀝乾,並用廚房紙巾吸乾水分,再輕輕裹上薄薄一層低筋麵粉。

2 平底鍋以中火加熱奶油,當奶油融化後,放入牡蠣,將兩面煎至金黃。

3 加入蒜味醬油翻炒均勻,然後裝盤,視喜好可以搭配生菜享用。

Part 5　醬油

甜醬油烤麻糬　餅の磯辺焼き

濃口醬油

先用小火慢慢烤到麻糬變軟，然後用刷子塗上甜醬油，再繼續慢慢烤。
這樣甜甜鹹鹹的醬油味會滲進麻糬裡，非常好吃喔。

食材
日本生切年糕　4塊
海苔　4片

調味料
濃口醬油　2大匙
砂糖　1大匙

作法
1. 盤子中加入砂糖，然後倒入醬油，拌勻。
2. 準備一個平底鍋，開火，將年糕放進鍋中，稍有間隔避免相互沾黏，用中火將兩面烤至金黃。
3. 趁熱將年糕裹上醬油砂糖混合物，再用海苔包裹，最後擺盤即可。

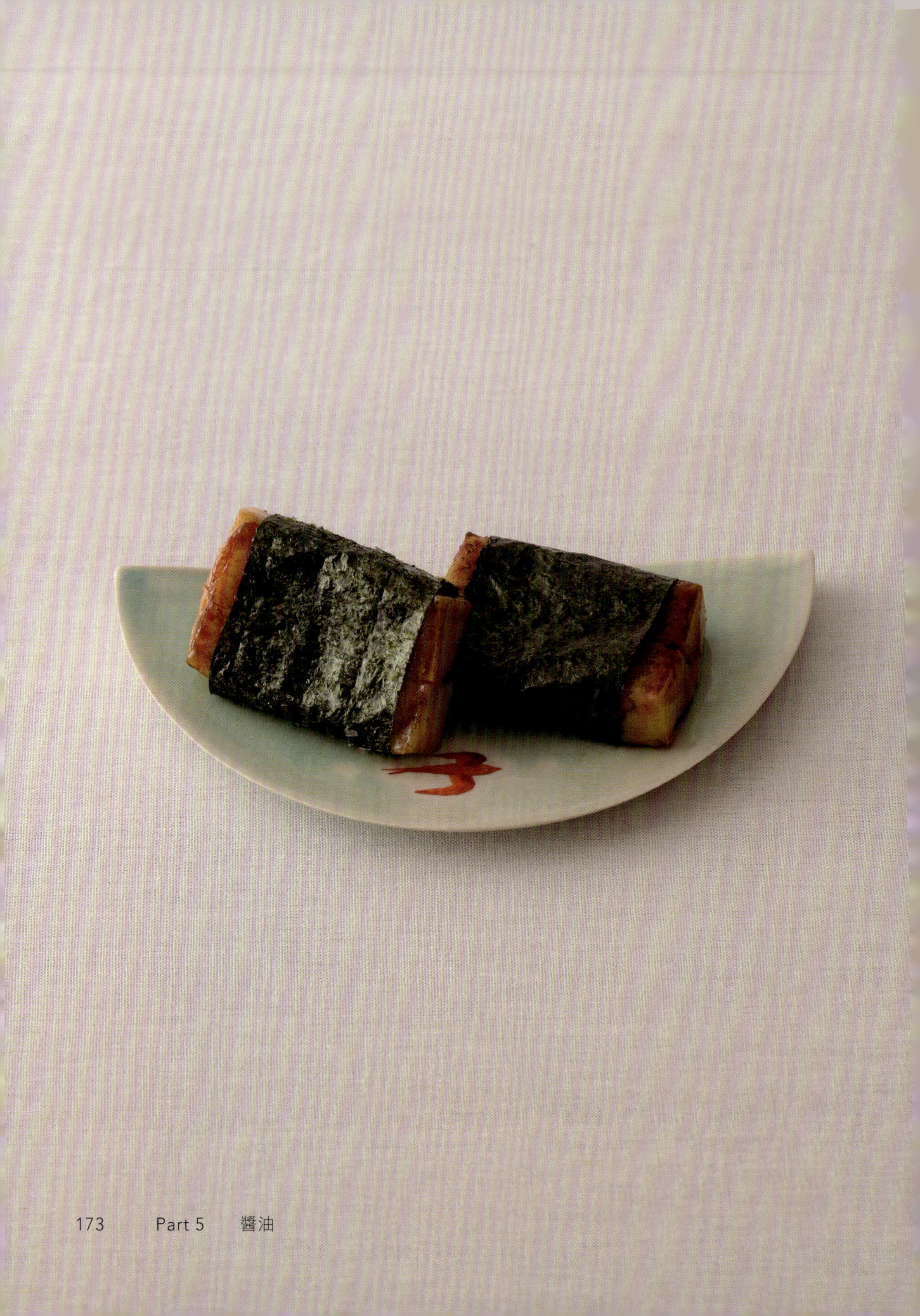

Part 6

味噌

そ So

味噌是以大豆為主原料，蒸煮後加入麴和鹽，經發酵熟成而成的半固體調味料。味噌作為傳統食品，已有1300年歷史，一直支撐著日本人的飲食文化。在日本料理的基礎調味法「SaSiSuSeSo」中，「So」就代表味噌MiSo。

味噌的起源

前文提到醬油緣起於中國的穀物醬傳入日本後，逐漸演變而來，味噌也是當時的產物之一。早期的「醬（ひしお）」是固體狀的發酵調味料，而在製作「醬」的過程中，正在熟成的豆子風味濃郁、非常美味，這些半熟成的發酵豆被單獨取出使用，並發展為獨立的調味料，也就是我們今天所說的味噌。

據說，「味噌」名稱的由來，可能是從「未成為醬的東西」——「未醬（みしょう）」逐步簡化演變而來：みしょう→みしょ→みそ。

味噌的歷史發展

平安時代

據說此時的味噌型態像是「豆豉」，保留著豆子顆粒狀的外觀。當時的味噌還不是調味料，而是作為藥物，直接舔食或是和食物一起入口。由於製作成本高，極為珍貴，尚未普及民間，據記載，一度被當作高官的俸祿使用。

鎌倉時代

到了鎌倉時代，隨著來自中國的僧侶引進研磨缽，人們開始將顆粒狀味噌磨碎，使其更容易溶於水，這一改變促成了味噌湯的誕生，進而確立了武士階層飲食的基本型態——「一汁一菜」（即主食、湯品、配菜、醬菜）。當時「汁か

け飯」（湯蓋飯），即是在麥飯上淋味噌湯，象徵簡約務實的飲食風格，也反映出「いざ鎌倉」（有事即刻上陣）的武士精神。

室町時代

隨著黃豆產量增加，農民們開始製作自家的味噌，作為日常生活中的保存食。據說流傳至今的許多味噌料理，大部分都源自於這個時期。

戰國時代

在戰國時代，味噌不僅是調味料，更是重要的蛋白質來源。由於可長期保存，常被加工成乾燥或烘烤狀態，便於攜帶。當時，各地戰國大名也投入味噌的生產。例如：武田信玄推廣「信州味噌」、豐臣秀吉與德川家康偏好「豆味噌」、伊達政宗則奠定了「仙台味噌」的基礎。這些地區至今仍以味噌產地而聞名。

江戶時代

隨著江戶時代人口增長，一度達到50萬，當地的味噌產量已無法滿足需求。因此，越來越多來自三河、仙台等地的味噌被運往江戶，味噌商店蓬勃發展。味噌湯從武士階層普及至庶民，成為百姓的料理，從此，味噌不再只是自家製作的保存食，而是可以在市場上購買的日用品，正式融入江戶市民的日常生活。

戰後／昭和時代

隨著時代的推移，味噌的保存容器從傳統木桶變成更適合存放在冰箱中的容器。此外，昭和時代出現了已內含高湯的即溶味噌產品，只需加入熱水即能煮出美味的味噌湯，大大減輕了家庭備餐的負擔，支援著當時逐漸投入勞動市場的女性們。

「味噌」是什麼？

所謂「味噌」，是指以黃豆、麴和食鹽為原料，經過發酵與熟成所製成的調味料。雖然原料很單純，卻會因製作方法與菌種、氣候條件，甚至製造者的不同，呈現出極為多樣、截然不同的風味。

至2022年味噌才有JAS標準

直到2022年3月以前，「味噌」一直沒有被納入JAS規格中。這是因為自室町時代以來，味噌多為農民在家製作的食品，各地的原料比例與作法差異極大，很難統一為一個規格。2022年，日本終於制定出新的JAS味噌標準，內容概要如下。

- 味噌是由黃豆、麴和鹽發酵而成。
- 味噌中不使用脫脂黃豆。
- 含高湯的味噌也稱為「味噌」，而不是「味噌加工品」。
- 使用米麴菌（Aspergillus oryzae）製作味噌。
- 味噌中使用的麴是散麴（非麴餅）或黃豆麴。

必要條件是使用日本國菌的麴菌中的一種米麴菌（Aspergillus oryzae），做成散麴或黃豆麴，這個標準不僅將世界各地的有鹽發酵黃豆製品區分開來，也保護了日本味噌的多樣性。

178

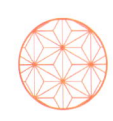

日本各地的味噌料理

提到日本味噌,許多人首先會聯想到「信州味噌」的產地——長野縣,或以「白味噌」聞名的關西京都。事實上,味噌的製造遍佈全國各地,皆有獨具風味的味噌文化。整體而言,日本多數地區以米味噌為主;九州以麥味噌著稱,而愛知縣則是豆味噌的代表地區。這些分布情形反映出當地農作物的特產——北

日本原為稻作產地,九州則盛產大麥,因而釀製出屬於各地的風味。

味噌不僅是日常調味料,人們也將其融入在地盛產食材,做出獨特多樣的鄉土菜。以下是幾種很有代表性的地區味噌料理:

味噌的製造方法

製作味噌麴
將米、黃豆或大麥洗淨後浸泡1～2小時,使其充分吸水,再進行蒸煮。蒸熟後冷卻至適當溫度,接種麴菌,歷時三天培養成「味噌麴」。

處理黃豆
黃豆經過選豆、清洗後,浸泡一夜以吸收水分。根據味噌種類的不同,進行不同的蒸、煮程序。

混合與裝槽
將蒸煮後的黃豆冷卻並磨碎,與味噌麴、食鹽充分混合,裝入發酵槽中,進行裝槽(仕込み)作業。

發酵與熟成
裝槽後的味噌在發酵室中發酵、熟成。根據味噌種類不同,熟成時間會不同,並在此期間釀造出各具特色的風味與色澤。

檢查與出貨
經檢查確認品質後,即可裝瓶出貨。

茨城縣

盛產鮟鱇魚。漁民會將現捕鮟鱇魚與味噌一同煮成火鍋,作為漁夫飯。如今也發展成知名的「鮟鱇魚味噌鍋」。

栃木縣

以成熟且糖分豐富的蘋果釀製而成的果醋,擁有清新的蘋果香氣,風味高雅。富含天然蘋果酸,酸味清爽,十分適口。常用於調製飲品、沙拉醬或蛋黃醬(美乃滋)等,能為料理增添自然果香。

福島縣

「みそかんぷら」(味噌 kanpura)是一道以味噌燉煮的甜辣馬鈴薯料理。其中「kanpura」是當地方言,意指馬鈴薯。

千葉縣

將竹莢魚、沙丁魚、秋刀魚等青皮魚與味噌一同切碎搗勻,製成「なめろう」。這是一道風味濃郁的生魚味噌拌菜,既可配飯也適合作為下酒菜。

群馬縣

作為蒟蒻芋的主要產地,自古即廣泛使用蒟蒻。「蒟蒻味噌關東煮」為當地知名料理,做法為將味噌醬塗於蒟蒻上燒烤或煮食,風味濃厚。

味噌的分類

在葡萄酒的世界中，有一個詞彙「テロワール（terroir）」——意指風土條件，即葡萄所生長土地的地形、氣候等自然因素對風味的影響。味噌亦是如此，自古以來便在日本各地生產，正是「土地所孕育的味道」。

日本味噌中所使用的麴菌為「國菌」。不僅是味噌，醬油、味醂、醋與清酒等也都是使用日本特有的菌。正因如此，味噌承載著深厚的地方文化，是最具日本獨特風味、也最具多樣性的發酵食品之一。

依麴的種類來分

決定味噌風味的關鍵，是一種黴菌——麴菌。將麴菌接種於蒸熟的米、大麥或

米味噌

麥味噌

豆味噌

赤味噌

黃豆中，讓其繁殖，即可分別製成「米麴」、「麥麴」、「豆麴」。依據所使用的麴種類，味噌可分為「米味噌」、「麥味噌」、「豆味噌」，以及將這些味噌混合的「調和味噌」。日本多數地區以生產與食用米味噌為主，但即使同屬米味噌，各地製成的風味與色澤也都各有特色。

依味道來分

味噌的鹹度取決於鹽的使用量，另一個重要因素則是——麴的比例。當鹽的用量固定時，麴的比例越高，味噌就越甘口（偏甜）。

這裡所說的「麴比例」，即為「麴步合（こうじぶあい）」，指的是米麴或麥麴相對於黃豆的比例。也就是：在黃豆原料中，麴所佔的重量比。

舉例來說：

↓
10公斤米麴＋10公斤黃豆
↓
麴比例為100%（10割／步）

↓
5公斤米麴＋10公斤黃豆
↓
麴比例為50%（5割／步）

↓
15公斤米麴＋10公斤黃豆
↓
麴比例為150%（15割／步）

→ 長

182

白味噌

淡色系味噌

短　　　　　　　　　　　　　　熟成期間

依顏色來分

味噌的顏色主要受到發酵與熟成時間長短（釀造期間）的影響。一般而言，釀造時間越長，顏色就越深。這是因為黃豆中的胺基酸與糖發生「梅納反應」，變成棕色。即使成為商品之後，味噌仍會持續熟成，顏色也會隨時間逐漸加深。除了釀造時間，原料的處理方式與比例也會影響顏色。例如：黃豆是蒸還是煮？蒸煮的時間長短？黃豆與麴的配比？這些因素都會讓味噌呈現出不同的色調。

通常白味噌使用較多的麴、熟成時間比較短，顏色淺、味道偏甜。紅味噌（赤味噌）則使用較多黃豆、較少麴，並進行長時間發酵，顏色深、風味濃郁。

麴比例越高，發酵時產生的糖分也越多，味噌就會越甘甜。因此，麴比例是調整味噌風味的關鍵之一。

如何從商品標籤解讀味噌

選購味噌時，如何從標籤了解味噌的風味，可從以下幾處來判斷種類與甜鹹程度。

1 看名稱或原材料

產品名稱通常會標示出味噌種類，例如：米味噌（米みそ）、麥味噌（麦みそ）、豆味噌（豆みそ）。

若標籤上未明確寫出，也可以從「原材料」欄位判斷。原材料的排列順序代表含量多寡：

- 如果「米」或「麥」排在「黃豆」前面，通常表示麴比例較高，味噌偏甜。

成份順序即為含量多至少的排序

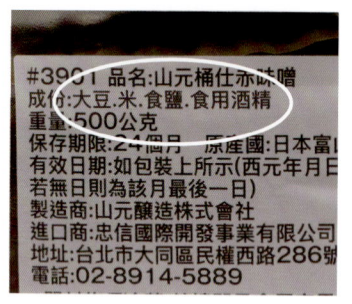

日本食品標籤規定要依照使用量由多至少排列原料。如圖，標示順序為大豆、米、食鹽，「大豆」排在最前面，可見這款味噌屬於較偏鹹風味。

從「名稱」看味噌種類

這款味噌在原料標示中最前面寫的是「米」，因此可以推測它屬於較偏甜、能夠體現米香甜味的味噌。由於台灣和日本有許多漢字是共通的，所以即使是看日本語的原料標示，也大致能想像出這款味噌的風味特徵呢！

184

◆「麴步合」代表麴與黃豆比例

如圖示「二十四割糀」，數字越大，表示米麴用量比例高，味噌風味會越偏甜。

◆ 從「成份」所含原料判斷風味

在「白味噌」中，有些產品會在一般味噌的原料中添加水飴等糖類。這類味噌的特點是口感偏甜，因此喜歡甜味噌的人，可以參考標籤上的原料標示來挑選。

- 如果「黃豆」排在最前面，可能是鹹味較明顯的味噌。

2 看「麴比例（麴步合）」

有些產品也會標示「麴步合」，代表麴與黃豆的比例。例如：

10割麴味噌（麴比例100％）：米（或麥）與黃豆的比例為1：1，風味較為平衡。

麴比例越高（如12割、15割）：味噌會越甜、越柔和。

麴比例越低：味噌則偏鹹、口感厚重。

黃金比例・味噌湯

味噌湯的配料有無限組合，每個家庭的味道也各有特色，正是味噌湯有趣的地方。

豆腐海帶芽味噌湯
豆腐とわかめの味噌汁

日本最經典的味噌湯之一。每次在台灣煮這道湯，就能感受到「啊～這就是日本家的味道啊」。因海帶芽如果煮太久，口感會變得太軟，建議可在豆腐煮熟之後再放進去。

材料

豆腐	1/2 盒
海帶芽	2 小匙
高湯	700ml
味噌	3 大匙
蔥花	少許

作法

1. 豆腐切成1.5公分方塊。
2. 海帶芽用水（或熱水）泡發後瀝乾水分，若太大則切成適口大小。
3. 鍋中倒入高湯加熱，煮沸後加入豆腐煮約1分鐘，再放入海帶稍微燉煮。
4. 關火，最後加入味噌攪拌溶解，盛入碗中，撒上蔥花即可。

大根油豆皮味噌湯
大根と油揚げの味噌汁

口感清爽的白蘿蔔，加入油豆皮後增添了鮮味，讓味噌湯變得更加滿足。蘿蔔除了切成條狀，也可以切成銀杏片或一口大小，切法不同，味噌湯的口感也會隨之變化。

材料
白蘿蔔　約 4 公分段
四季豆　4 條
日式油豆皮　½ 張
高湯　700ml
味噌　3 大匙
蔥花　少量

作法
1. 白蘿蔔去皮後切成短條狀。四季豆斜切成與白蘿蔔相同長度。
2. 油豆皮用熱水燙過後，切成與白蘿蔔一樣長度。
3. 鍋中加入高湯和白蘿蔔，以大火加熱至沸騰，然後轉小火，煮至白蘿蔔變軟。接著加入四季豆繼續煮 2 分鐘。
4. 放入油豆皮，再次煮沸後關火，最後加入味噌攪拌溶解。盛入碗中，撒上蔥花即可。

地瓜洋蔥味噌湯

さつまいもの味噌汁

甜甜的地瓜是孩子們都喜歡的味噌湯配料。在台灣,夏天是地瓜的收穫季節,而在日本則是秋天的風物詩。因此每逢秋意漸濃,我總特別想喝這道暖心的地瓜味噌湯。

材料

栗子地瓜　1條
洋蔥　1/2顆
高湯　700ml
味噌　3大匙
蔥花　適量

作法

1 地瓜洗淨,切成0.5公分厚的扇形片,泡水5分鐘後瀝乾。洋蔥切薄片。

2 鍋中加熱高湯至沸騰,放入地瓜與洋蔥,以中火煮約5分鐘。

3 煮至地瓜變軟後,加入味噌攪拌溶解。盛入碗中,撒上蔥花即可享用。

奶香玉米馬鈴薯味噌湯
じゃがバタコーン味噌汁

也許大家會感到意外，味噌竟然和奶油這麼合。日本有不少用味噌與奶油入菜的料理，而馬鈴薯本來就與奶油是絕配，再添一匙味噌，就是一道超完美組合的味噌湯。

材料

馬鈴薯（小）	2顆
洋蔥	1/2顆
玉米粒罐頭	4大匙
高湯	700ml
味噌	3大匙
甜豆	4根（燙過）
奶油	1大匙

作法

1. 馬鈴薯切成較大塊的入口大小；洋蔥切薄片。
2. 鍋中加入馬鈴薯、洋蔥、玉米粒與高湯，以中火加熱至沸騰。
3. 沸騰後蓋上鍋蓋，轉小火煮約10分鐘至馬鈴薯變軟。
4. 打開鍋蓋，加入味噌攪拌溶解。
5. 盛入碗中，放上燙熟的甜豆，最後加上一塊奶油，即可享用。

栗子南瓜竹輪味噌湯

かぼちゃとちくわの味噌汁

栗子南瓜的含水量比橘皮的南瓜低，不僅燉煮時不容易煮爛，甜味也較濃郁。下次在市場遇到栗子南瓜時，一定要試試這款風味十足的好食材！

材料

栗子南瓜	200g
鴻禧菇	½包（約50g）
竹輪（小）	2根（約60g）
高湯	700ml
味噌	3大匙

作法

1. 南瓜去籽去瓤，洗淨擦乾，連皮切成1公分厚、2公分長的塊狀。
2. 鴻禧菇拆成小朵；竹輪斜切成1公分寬的片狀。
3. 鍋中加入高湯、南瓜、竹輪和鴻禧菇，以中火加熱至沸騰。
4. 煮沸後轉小火，加蓋燉煮約7分鐘，讓食材軟化入味。
5. 將味噌溶入湯中，攪拌均勻。盛入碗中，即可享用。

香腸高麗菜蛋味噌湯　ウィンナーと落とし卵の味噌汁

這是一道可以當作主菜的味噌湯，含有豐富的蛋白質和蔬菜。最近在日本也很流行這種配料豐富的味噌湯，忙碌的時候只要煮好白飯，配上這碗湯，就能攝取滿滿的營養！

材料

- 高麗菜　2張（大片）
- 德式香腸（原味）　3根
- 雞蛋　4顆
- 高湯　700ml
- 粗黑胡椒　適量

作法

1. 高麗菜取兩大片，切成短條狀。
2. 高湯入鍋煮沸，加入高麗菜煮2～3分鐘，加入香腸，再煮約3分鐘。
3. 盡量將4顆雞蛋分開打入高麗菜上方（讓菜接住蛋），蓋上鍋蓋煮至蛋白凝固。
4. 再煮約3分鐘後，加入味噌攪拌溶解。盛入碗中，依個人口味撒上黑胡椒，即可享用。

鯖魚西京燒　鯖の西京焼き

白味噌

這道是很下飯的日式經典魚料理，除了鯖魚，還可以用鮭魚、豬肉、雞肉等魚類肉類來製作喔。

西京燒味噌醬

白味噌　200g
酒　20g
味醂　10g
砂糖　5g

食材

無鹽鯖魚（冷凍）2片
鹽　1/2小匙

裝飾

紫蘇葉　1片
黃檸檬　1片

作法

1. 將西京燒味噌醬的調味料混合製成醃漬味噌，多餘的味噌可冷凍保存，下次再使用。
2. 鯖魚退冰後，撒鹽靜置10分鐘，滲出水分後用紙巾擦乾。
3. 均勻塗上西京燒味噌醬（約60g），放入冰箱醃製一夜。
4. 烘烤前輕輕擦去味噌，放入預熱至200度的烤箱烤15分鐘，即可完成。

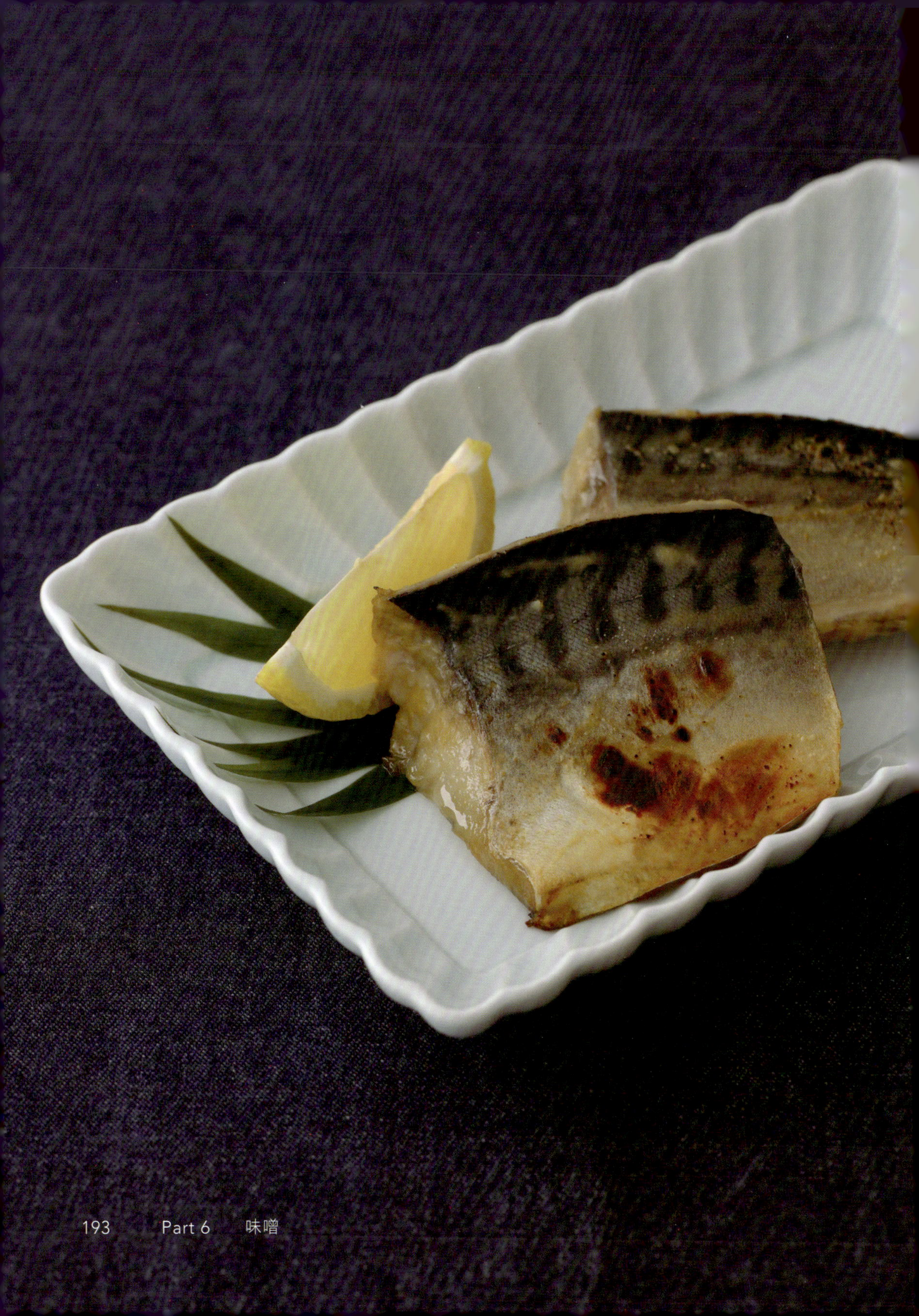

味噌醃蛋黃　卵黄のみそ漬け

白味噌

製作完成後務必在七天內食用完畢。
請使用冷藏且可生食等級的雞蛋。
也可作為下酒菜！
可以放在白飯上享用，

食材
蛋黃　4顆

調味料
白味噌　200g

作法

1 將 2/3 量的味噌放入保存容器中並鋪平。

2 在味噌上鋪一層紗布，挖出 4 個小坑，放入蛋黃，然後用紗布覆蓋。

3 將剩餘的味噌均勻鋪平，蓋上蓋子，放入冰箱醃漬 2～4 天。

4 從味噌醃漬床中取出蛋黃，並在醃製後 7 天內食用完畢。

Part 6　味噌

豬肉什錦蔬菜味噌湯　豚汁

米味噌

建議使用豬五花肉薄片，因為能釋放出濃郁的鮮味與油脂，讓湯頭更加美味。

食材

豬五花火鍋片	80g
白蘿蔔	3公分
紅蘿蔔	5公分
牛蒡	10公分
洋蔥	1/4顆
蒟蒻	1/4片
沙拉油或芝麻油	1/2大匙

湯頭

高湯	700ml
米味噌	3大匙

作法

1 白蘿蔔、紅蘿蔔切半月形，牛蒡切斜薄片，蒟蒻切短條後汆燙；豬肉切3公分小片。

2 鍋中熱1/2大匙油，中火炒蔬菜與蒟蒻1～2分鐘，加入豬肉拌炒2～3分鐘。

3 倒入700ml的高湯，大火煮沸撈去浮沫，小火燉7～8分鐘，最後加入味噌拌勻即可。

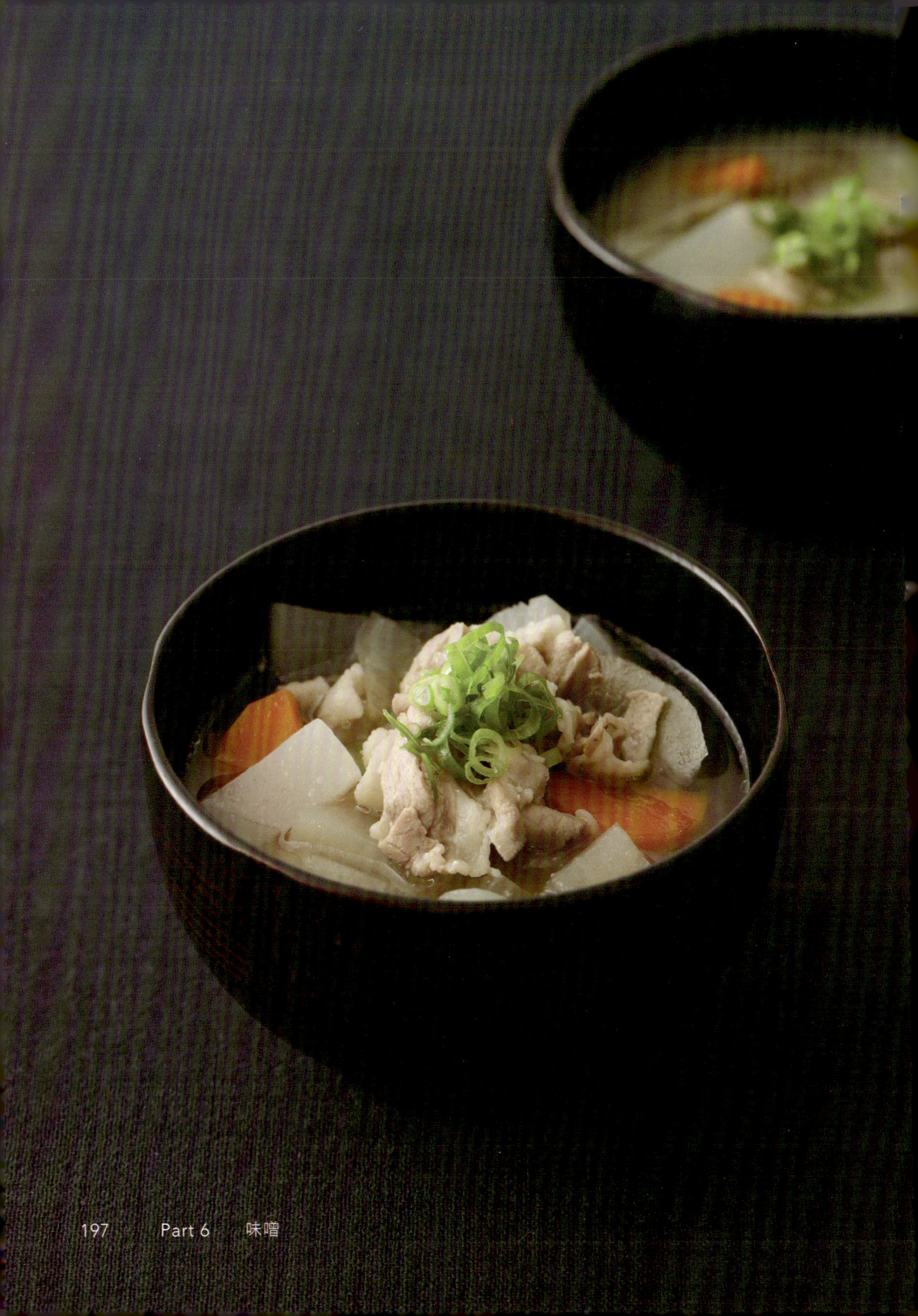

米味噌

味噌芝麻湯麵線

タンタン風胡麻味噌にゅうめん

味噌是這道湯麵的隱藏風味，搭配豆漿，能讓整體口感更加濃郁滑順。

食材

無糖豆漿	350ml
水	250ml
薄口醬油	1½小匙
素麵（日本麵線）	4束
青江菜（燙過）	適量
辣油	依個人口味添加

肉味噌（2人份）

豬絞肉	200g
薑泥	½小匙
蒜泥	½小匙
醬油	1大匙
味醂	½大匙
米味噌	1½大匙
芝麻油	½大匙

湯頭

蔥蒜鹽	2大匙
白芝麻醬	2大匙

作法

1. 製作肉味噌：鍋中熱芝麻油，炒香薑泥、蒜泥，加入豬絞肉翻炒至變色。加醬油、味醂、味噌調味，炒至收汁。

2. 準備湯底：小鍋中加水、白芝麻醬、豆漿、蔥蒜鹽麴，加熱至微沸，拌入一半肉味噌。

3. 素麵煮熟瀝乾，放入碗中，加湯底，放上肉味噌、青江菜，依喜好加點辣油，即可享用。

Part 6　味噌

麥味噌

日式味噌炒豬肉茄子 なすと豚肉の味噌炒め

甜鹹醬香的味道非常下飯，讓人一口接一口！

食材

豬五花肉片 150g
茄子 1條
青椒 1顆
芝麻油 1大匙
白芝麻 適量

調味料

麥味噌 2大匙
酒 2大匙
味醂 2大匙
砂糖 1/2大匙
醬油 1/2小匙
蒜泥 1/2小匙

作法

1 茄子去蒂切滾刀塊，青椒去蒂去籽切滾刀塊；調味料混合備用。

2 鍋中熱芝麻油，將肉片炒至變色，加入茄子與蒜泥翻炒約3分鐘至熟。

3 放入青椒快速翻炒，倒入調味料拌勻，炒至醬汁收乾。

4 裝盤撒白芝麻，即可享用。

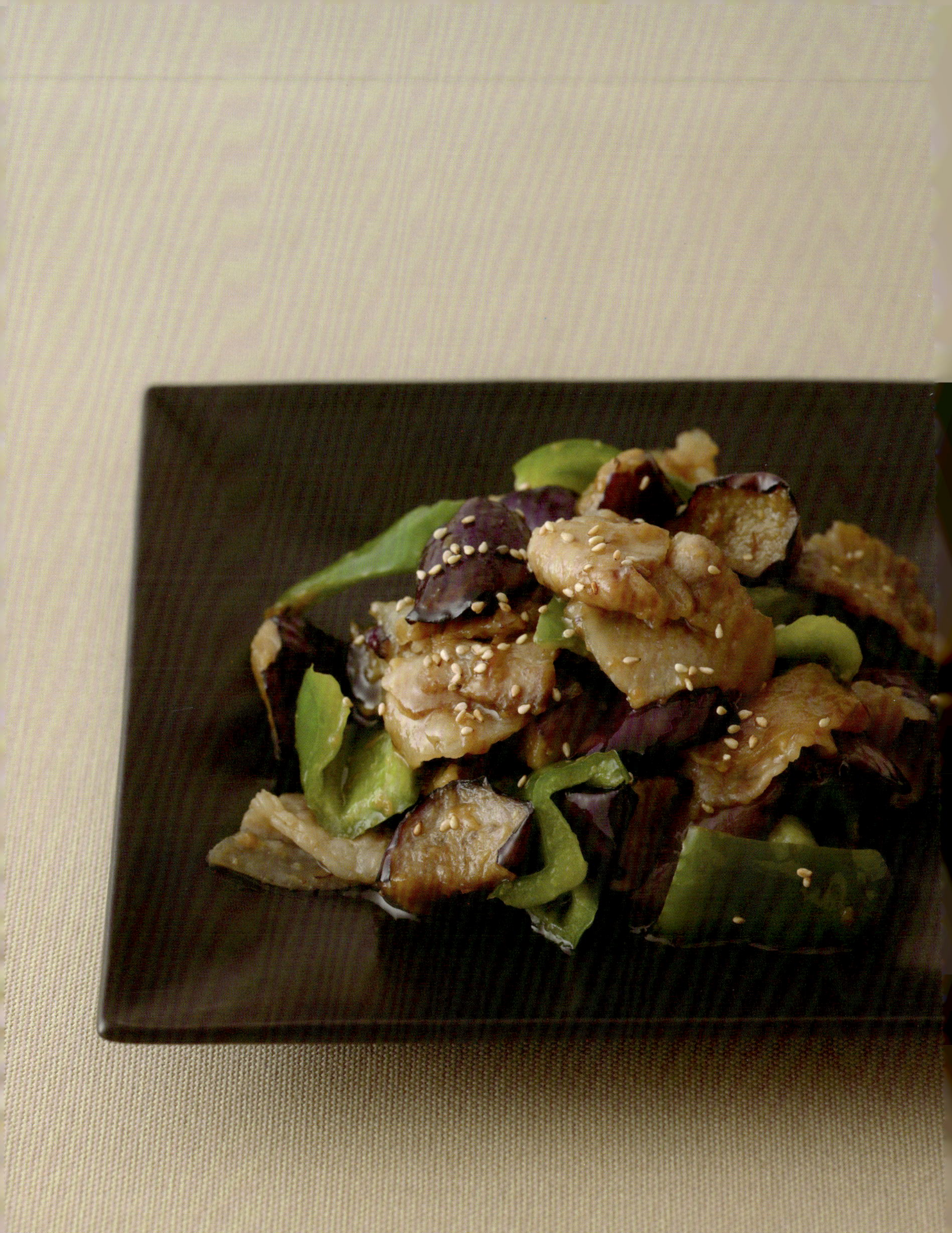

麥味噌

鯖魚味噌燉煮　さばの味噌煮

這道味噌燉鯖魚口感醇厚，非常下飯！
味噌可選用自己喜歡的種類，這裡推薦使用麥味噌，麥味噌通常偏甜，和魚類非常搭配。

食材

鯖魚　2片
生薑　1塊

調味料

酒　50ml
糖　1～2大匙
麥味噌　2½大匙
水　140ml

作法

1. 鯖魚皮面靠近骨頭劃十字刀，魚皮朝上，先用熱水燙過去除油脂與異味。
2. 生薑一半切片；另一半切細絲，泡水2～3分鐘後瀝乾備用。
3. 平底鍋中放入薑片、酒、糖、水、麥味噌，加熱至沸騰，放入鯖魚（皮面朝上）。
4. 蓋上十字切割的烘焙紙，小火燉煮5分鐘，掀開烘焙紙後將湯汁澆在魚身上，再燉煮5～7分鐘收汁。
5. 盛盤後淋上湯汁，放上薑絲，即可享用。

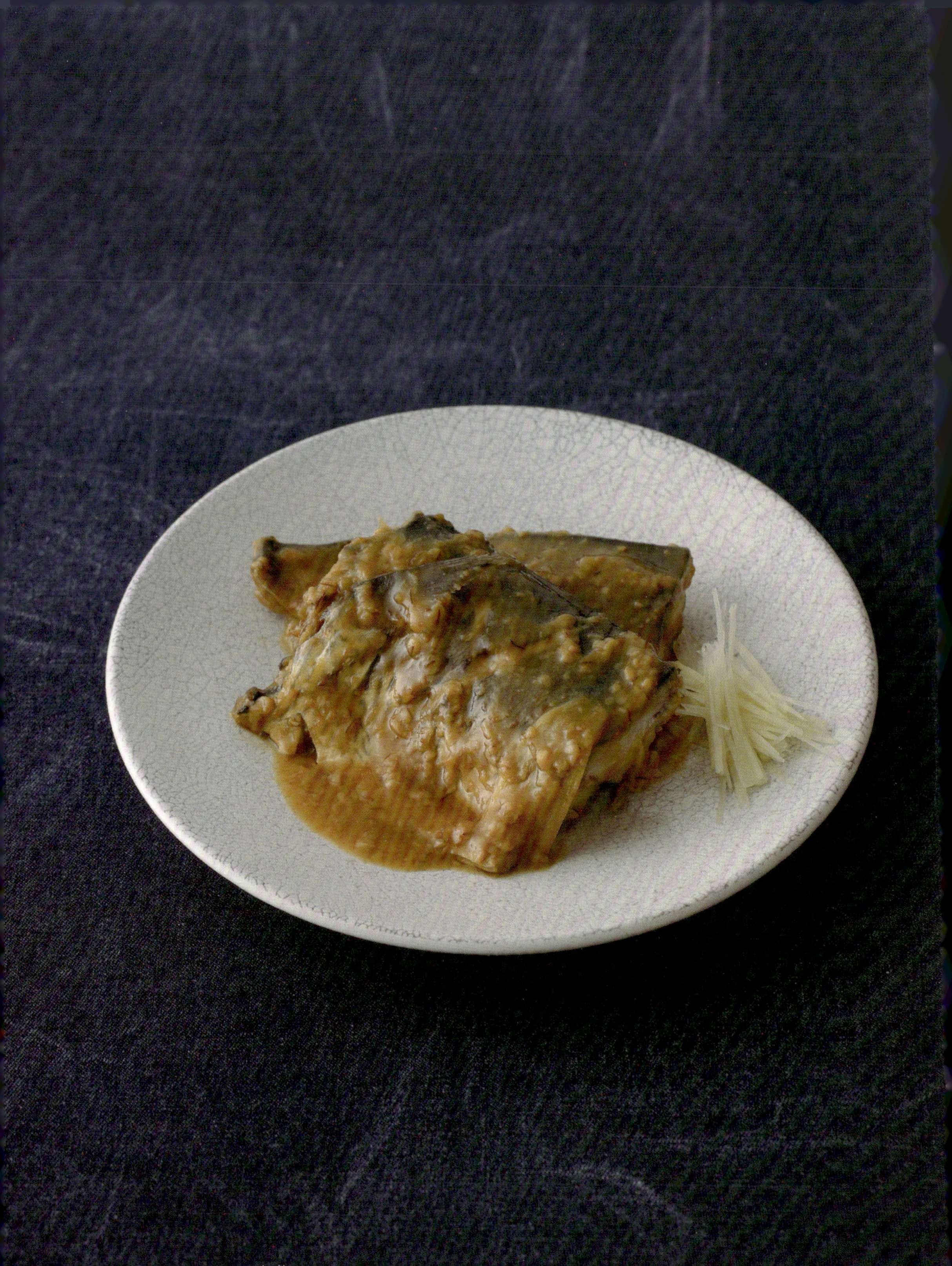

豆味噌

名古屋炸豬肉味噌醬　名古屋風味噌カツ

豆味噌是用大豆做的味噌，非米麴或麥麴，而是以大豆發酵做成的豆麴。它的發酵時間比較長，味道比較濃，帶有一點苦味，是名古屋料理中很重要的調味料。

豆味噌醬

豆味噌　100g
砂糖　4大匙
味醂　2大匙
水　適量

炸豬排食材

厚切豬里肌肉　2片（1.5公分厚）
鹽、胡椒　少許
炸油　適量

麵衣

低筋麵粉　4大匙
雞蛋　1顆（打散）
麵包粉　適量

配料

高麗菜　1/4顆
番茄　1顆
白芝麻　適量

作法

豆味噌醬汁

1 鍋中放入豆味噌、砂糖、味醂，用刮刀壓開味噌顆粒並充分混合。少量加水攪拌至味噌溶解。

2 中火加熱至沸騰後轉小火，沿鍋底攪拌避免焦化，煮至類似美乃滋的濃稠度後關火。

204

炸豬排

3 高麗菜切絲，番茄切片備用。豬里肌撒鹽和胡椒調味，依序裹上低筋麵粉、蛋液、麵包粉。

4 鍋中倒入2公分高的油，加熱至180度，豬排炸約4分鐘至金黃熟透，取出切塊。

5 擺上高麗菜絲、番茄與炸豬排，淋上味噌醬，撒上白芝麻即可享用。

豆味噌

味噌醬蒟蒻　こんにゃく田楽

田樂味噌是將豆腐、芋頭、蒟蒻等食材串起來，再塗上帶有甜味的味噌醬製成的料理。這裡使用的是蒟蒻，因此日語稱為蒟蒻田樂。

食材
白蒟蒻　1塊
黑蒟蒻　1塊

沾醬
豆味噌醬（P204）5大匙

作法

1 將白蒟蒻和黑蒟蒻劃格子刀後（幫助入味），各切成8等分。

2 鍋中加水煮沸，放入蒟蒻煮3〜4分鐘後撈起，待稍微冷卻，用竹籤串起。

3 交錯擺盤，淋上豆味噌醬，即可完成。

日本媽媽的和食調味帖

sa si su se so 超實用法則，用味醂、鹽麴、醋、醬油、味噌、高湯煮出完美家常味

作者	岡本愛
攝影	王正毅
美術設計	黃祺芸
社長	張淑貞
總編輯	許貝羚
行銷企劃	黃禹馨
發行人	何飛鵬
事業群總經理	李淑霞
出版	城邦文化事業股份有限公司 麥浩斯出版
地址	115台北市南港區昆陽街16號7樓
電話	02-2500-7578
傳真	02-2500-1915
購書專線	0800-020-299
發行	英屬蓋曼群島商家庭傳媒股份有限公司城邦分公司
地址	115台北市南港區昆陽街16號5樓
電話	02-2500-0888
讀者服務電話	0800-020-299（9:30AM~12:00PM；01:30PM~05:00PM）
讀者服務傳真	02-2517-0999
讀者服務信箱	csc@cite.com.tw
劃撥帳號	19833516
戶名	英屬蓋曼群島商家庭傳媒股份有限公司城邦分公司
香港發行	城邦〈香港〉出版集團有限公司
地址	香港九龍土瓜灣土瓜灣道86號順聯工業大廈6樓A室
電話	852-2508-6231
傳真	852-2578-9337
Email	hkcite@biznetvigator.com
馬新發行	城邦〈馬新〉出版集團 Cite (M) Sdn Bhd
地址	41, Jalan Radin Anum, Bandar Baru Sri Petaling, 57000 Kuala Lumpur, Malaysia.
電話	603-9056-3833
傳真	603-9057-6622
Email	services@cite.my
製版印刷	凱林印刷事業股份有限公司
總經銷	聯合發行股份有限公司
地址	新北市新店區寶橋路235巷6弄6號2樓
電話	02-2917-8022
傳真	02-2915-6275
版次	初版一刷 2025年6月
定價	新台幣 520 元
ISBN	978-626-7691-35-9

Printed in Taiwan
著作權所有・翻印必究

特別感謝
歧邑國際有限公司
第一超市股份有限公司

國家圖書館出版品預行編目(CIP)資料

日本媽媽的和食調味帖：sa si su se so超實用法則,用味醂、鹽麴、醋、醬油、味噌、高湯煮出完美家常味 / 岡本愛著. -- 初版. -- 臺北市：城邦文化事業股份有限公司麥浩斯出版：英屬蓋曼群島商家庭傳媒股份有限公司城邦分公司發行, 2025.06
面；　公分
ISBN 978-626-7691-35-9(平裝)

1.CST: 烹飪 2.CST: 食譜 3.CST: 調味品 4.CST: 日本

427.131　　　　　　　　114005753